COMPLÉMENT

D'ARITHMÉTIQUE.

V 31294

COMPLÉMENT

D'ARITHMÉTIQUE

Complément de l'Arithmétique

ou

Leçons destinées aux divisions supérieures des classes primaires.

(Dessin linéaire, Équations, Surfaces, Volumes, Arpentage, Hauteurs, Distances inaccessibles, Rapport, Proportions, Progressions, Logarithmes, Formules de l'intérêt composé, Annuités.)

par

M. Barbey,

Breveté du degré supérieur, ancien Élève de l'École-Normale de Caen et Instituteur libre à Cherbourg.

Prix : un franc.

Cherbourg.

Chez M. Barbey, rue Napoléon, 6, ou chez MM. Poittevin et Henri, libraires, rue de la Vase.

1868

Tout exemplaire de cet ouvrage porte ma signature. Je poursuivrai les contrefacteurs ou débitants de contrefaçons.

Avertissement.

Ce traité que nous offrons aux élèves des divisions supérieures des classes primaires est le complément nécessaire de notre arithmétique.

Nous avons fait précéder les surfaces et les volumes de quelques notions sur les équations. Nous avons agi ainsi, afin de donner les formules des principales surfaces et des principaux solides. A l'aide de ces formules, l'élève retiendra facilement les règles et pourra en tirer la valeur d'une inconnue à chercher.

Dans ce petit traité, nous n'avons rien négligé pour être compris par un élève réduit à ses propres forces ; que n'attendons-nous pas d'un élève guidé par son maître ?

En un mot, nous nous sommes efforcé de rendre élémentaire ce qui, parfois, peut présenter quelques difficultés, heureux si nous avons atteint ce but !

Cherbourg. — Autographie de M. Ch. Feuardent.

Notions préliminaires aux Surfaces,

suivies de quelques Notions sur les Équations.(*)

---

1. Une ligne est la trace faite par un point que l'on ferait glisser sur un corps quelconque.
2. Une ligne peut être ou droite, ou brisée, ou courbe, ou mixte.
3. Une ligne droite est la plus courte distance d'un point à un autre ; tous les points qui la composent sont dans la même direction.
4. Une ligne brisée est une ligne composée de lignes droites qui se coupent deux à deux.
5. Une ligne courbe est une ligne dont tous les points ne sont pas dans la même direction.
6. Une ligne mixte est une ligne composée de lignes droites et de lignes courbes.

Différents noms de la ligne droite.

7. Des parallèles sont des lignes droites qui, situées dans le même plan et prolongées indéfiniment, restent toujours également distantes.
8. Une horizontale est une ligne droite parallèle au niveau ou à la surface de l'eau.
9. Une perpendiculaire est une ligne droite qui, en tombant sur une autre, ne penche ni à droite ni à gauche.
10. Une oblique est une ligne droite qui penche plus d'un côté que de l'autre.
11. Une verticale est une ligne droite

(*) Nous avons cru bien faire en agissant ainsi ; les notions sur les équations ayant pour but de rendre plus familières les formules des différentes surfaces et les transformations de ces mêmes formules.

formée par la direction d'un fil à plomb. (**) (***)

Différents noms de la ligne courbe.

12. Une *circonférence* est une ligne courbe fermée dont tous les points sont également distants d'un point intérieur appelé *centre* de la circonférence.

13. Un *arc*, ligne courbe, est une partie de la circonférence : soit ACB dans la figure suivante.

Lignes concernant la circonférence.

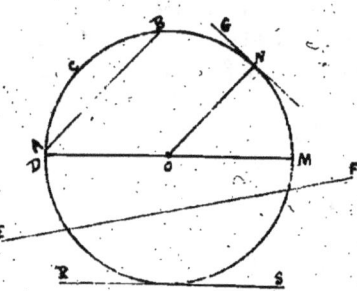

14. Un *diamètre* est une ligne droite qui passe par le centre et dont les extrémités sont sur la circonférence : soit DM.

15. Le diamètre divise la circonférence en deux parties égales.

16. Un *rayon* est la moitié du diamètre : c'est une ligne droite qui part du centre et se termine à la circonférence : telles sont ON, OM, OD.

17. Une *corde* est une ligne droite qui unit les extrémités d'un arc : telle est AB.

18. Une *sécante* est une ligne droite qui coupe la circonférence en deux parties inégales : telle est EF.

La sécante diffère de la corde, en ce qu'elle se prolonge au-delà de la circonférence.

19. Une *tangente* est une ligne droite qui ne touche la circonférence qu'en un point : telle est RS.

Nota. Toute perpendiculaire à l'extrémité d'un rayon est tangente à la circonférence : telle est GN.

(**) Un fil à plomb est généralement un morceau de plomb suspendu à un fil.
(***) Deux lignes verticales ne sont pas parallèles ; ces lignes, étant les prolongements des rayons terrestres, se rencontrent toutes au centre de la terre. — Deux perpendiculaires à une même droite sont parallèles.

Division de la Circonférence.

20. Toute circonférence se divise en 360 parties égales ou degrés (qu'on écrit 360°) ; chaque degré en 60 minutes (60') et chaque minute en 60 secondes (60").

21. Toute circonférence peut aussi se diviser en 400 grades ; chaque grade en 100 minutes et chaque minute en 100 secondes.

22. Deux diamètres perpendiculaires divisent la circonférence en quatre parties égales, appelées quadrans.

23. Un quadran est le quart de la circonférence : c'est 90° ou 100 grades.

Angles.

24. Un angle est une figure formée par deux lignes qui se coupent.

25. Les lignes qui forment l'angle s'appellent côtés de l'angle.

26. Le point où les côtés de l'angle se coupent s'appelle sommet de l'angle.

27. Pour nommer un angle, si l'angle est seul, on indique la lettre du sommet ; s'il y a plusieurs angles, on indique chaque angle au moyen de trois lettres, en mettant la lettre du sommet au milieu.

Nota. Il est plus simple d'indiquer chaque angle par un petit chiffre placé dans l'angle même.

28. Deux angles sont adjacents lorsqu'ils ont un côté commun.

29. La grandeur d'un angle consiste dans l'écartement de ses côtés et non dans leur longueur.

30. Mesurer un angle, c'est trouver sa grandeur, c'est-à-dire le nombre de degrés, de minutes, de secondes compris entre ses côtés. On mesure un angle au moyen du rapporteur.

31. On appelle angle inscrit tout angle dont le sommet est sur la circonférence, et dont les côtés sont des cordes.

Angles par rapport à leurs mesures.

32. Un angle peut avoir 90° ou moins de 90° ou plus de 90°.

33. Un angle qui a 90° est un angle droit ; ses côtés sont perpendiculaires.

34. Un angle qui a moins de 90° est un angle aigu.

35. Un angle qui a plus de 90° est un angle obtus.

36. On appelle *complément d'un angle donné*, le deuxième angle qu'il faut ajouter au premier pour avoir un angle droit. L'angle 2 est le complément de 3, les côtés de l'angle total étant perpendiculaires.

37. L'angle donné et l'angle complément sont dits *angles complémentaires*.

38. On appelle *supplément d'un angle donné*, le deuxième angle qu'il faut ajouter au premier pour avoir deux angles droits ou 180°. L'angle 4 est le supplément de l'angle 5, la ligne AOB étant droite.

39. L'angle donné et l'angle supplément sont dits *angles supplémentaires*.

40. Tout angle dont le sommet est au centre d'une circonférence a pour mesure l'arc compris entre ses côtés.

41. Tout angle dont le sommet est sur la circonférence a pour mesure la moitié de l'arc compris entre ses côtés.

42. Nota. D'après cela, tous les angles inscrits dans une demi-circonférence sont droits, chacun d'eux ayant pour mesure la moitié d'une demi-circonférence ou un quadran ou 90°. Ainsi abc, adc sont des angles droits, ac étant un diamètre.

Angles par rapport à leurs côtés.

43. Selon les lignes qui le forment, un angle est *rectiligne, curviligne, mixtiligne*.

44. Un angle est *rectiligne*, si ses côtés sont des lignes droites.

45. Un angle est *curviligne*, si ses côtés sont des lignes courbes.

46. Un angle est *mixtiligne*, si ses côtés sont des lignes droites et des lignes courbes.

Perpendiculaires.

47. Élever une perpendiculaire au milieu d'une droite donnée AB.
Avec une ouverture de compas plus grande que la moitié de la ligne, on décrit

des points A et B, au-dessus et au-dessous de cette ligne, des arcs de cercle qui se coupent. La ligne ON qui unit les intersections de ces arcs est la perpendiculaire demandée.

48. 2° Élever une perpendiculaire en un point quelconque O d'une droite donnée AB.

On prend sur la ligne ou sur son prolongement une égale distance à droite et à gauche du point donné; soient OB, ON. Le point O étant le milieu de la ligne NB, on agit comme précédemment, en décrivant des arcs de cercle au-dessus seulement.

49. 3° Élever une perpendiculaire à l'extrémité O d'une droite AO qu'on peut prolonger.

En prolongeant la ligne AO et en prenant une distance égale à droite et à gauche du point donné O, on rentre dans le cas précédent; puisque le point O est le milieu de la ligne NB.

50. 4° Élever une perpendiculaire à l'extrémité B d'une droite qu'on ne peut prolonger.

Je prends un point quelconque O extérieur à AB; et avec une ouverture de compas égale à OB, je décris une circonférence. Je mène le diamètre DC; je joins BC, qui est la perpendiculaire demandée; car l'angle DBC est droit comme inscrit dans une demi-circonférence, N°42; BC est donc perpendiculaire sur AB et au point B.

51. 5° D'un point O extérieur à une droite AB, abaisser une perp^re sur cette droite.

Du point O, comme centre, je décris l'arc MN sur la ligne AB.

Des points M et N, je décris des arcs qui se coupent en D; j'unis OD; la ligne OB est la perpendiculaire demandée.

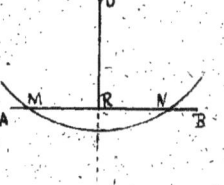

52. Élever ou abaisser une perpendiculaire sur une droite au moyen de la règle plate et de l'équerre. (*)

On met la règle plate de manière qu'elle rase la ligne donnée ; puis on fait glisser le long de la règle plate un des côtés de l'angle droit de l'équerre, jusqu'à ce que l'autre côté de l'angle droit soit au point où l'on veut élever ou abaisser une perpendiculaire. La ligne que l'on trace le long de ce côté est la perpendiculaire demandée.

Nota. Même manière d'opérer pour mener des parallèles, puisque les lignes perpendiculaires à une même droite sont parallèles entre elles.

Notions sur les Équations.

53. On appelle égalité deux expressions de même valeur, unies par le signe égale $(=)$.

54. Une équation est l'égalité de deux expressions qui renferment une ou plusieurs inconnues.

Ainsi, faisant $x = 5$, on peut écrire .... $x + 7 = 17 - 5$.

55. L'expression à gauche du signe égale s'appelle 1er membre de l'égalité ou de l'équation ; l'expression à droite " " " " 2e membre " " " " .

56. Chaque membre d'une égalité peut contenir un ou plusieurs termes.

57. On appelle terme, toute expression, chiffres ou lettres, précédée du signe $+$ ou du signe $-$.

58. On appelle termes semblables des termes composés de mêmes lettres ayant mêmes exposants.

Ainsi $ab^2 - 6ab^2 + 36ab^2$, sont des termes semblables.

59. Dans tout produit qui renferme une ou plusieurs lettres, on se dispense d'écrire le signe $(\times)$ multiplié par : il est alors sous-entendu.

Ainsi $7amn$ est mis pour $7 \times a \times m \times n$..

(*) L'équerre est un instrument en bois ou en cuivre dont deux côtés forment un angle droit.

60. On appelle *coefficient* le chiffre ou nombre qui, dans un produit, précède une ou plusieurs lettres.

Dans $7amn$, 7 est le coefficient de amn.

61. *Nota.* Toute lettre employée seule a pour coefficient 1.

Ainsi $x = 1x$.

et $4x + 3x + x = 8x$.

Principes généraux à toute équation.

62. *1er Principe.* Dans toute équation, la valeur d'une inconnue ne varie pas quand on ajoute ou qu'on retranche un même nombre aux deux membres de l'équation.

63. *2e Principe.* Dans toute équation, la valeur d'une inconnue ne varie pas quand on multiplie ou qu'on divise par un même nombre les deux membres de l'équation.

64. *3e Principe.* Dans toute équation, si l'on multiplie ou si l'on divise un terme quelconque par un certain nombre, il faut multiplier ou diviser tous les autres termes de l'équation par ce même nombre.

Détermination de la valeur d'une inconnue.

65. 1° Pour trouver, dans une équation, la valeur d'une inconnue, il faut que cette inconnue soit seule dans un membre de l'égalité et que tous les nombres connus soient dans l'autre membre.

2° En changeant de membre un terme ou un facteur quelconque, on change aussi son signe; c'est-à-dire qu'on le fait précéder du signe opposé à celui qu'il avait d'abord. Ainsi, ...

Plus .... se change en .... moins ;	ex:	$x+4 = 15 ... x = 15-4$
Moins .... se change en .... plus ;	ex:	$x-7 = 22 ... x = 22+7$
Un facteur d'un produit devient ... diviseur ;	ex:	$4x = 20 ... x = \frac{20}{4}$
Un diviseur .... devient facteur d'un produit,	ex:	$\frac{x}{7} = 5 ... x = 5 \times 7$
Un exposant .... devient l'indice d'une racine ;	ex:	$x^3 = 64 ... x = \sqrt[3]{64}$
L'indice d'une racine .. devient ... exposant.	ex:	$\sqrt[3]{x} = 10 ... x = 10^3$

Applications.

66. **1ᵉʳ Exemple.** Trouver la valeur de x dans $6x-7 = 18+x$.
$$6x - 7 = 18 + x$$
Le terme $+x$ du 2ᵉ membre, passé dans le 1ᵉʳ membre, devient $-x$;
on a : $\quad 6x - 7 - x = 18$
Le terme -7 du 1ᵉʳ membre, passé dans le 2ᵉ membre, devient $+7$;
on a : $\quad 6x - x = 18 + 7$
En effectuant, on a : $\quad 5x = 25$
Le facteur 5 du produit $5x$ du 1ᵉʳ membre devient diviseur dans le 2ᵉ membre;
on a : $\quad x = \dfrac{25}{5}$,
ou $\quad x = 5$.

Vérification.

$\left. \begin{array}{l} \text{1ᵉʳ membre}, \quad 6x - 7 = 30 - 7 = 23 \\ \text{2ᵉ membre}, \quad 18 + x = 18 + 5 = 23 \end{array} \right\} \; 23 = 23$

67. **2ᵉ Exemple.** *Équation renfermant une fraction et par conséquent un dénominateur.*

Trouver la valeur de x dans $\dfrac{x}{4} + 15 - x = 2x - 7$.

1ʳᵉ Manière. Nous allons réduire tous les termes de l'équation en expressions ayant pour dénominateur 4, en multipliant tous les termes par $\dfrac{4}{4}$, moins le 1ᵉʳ terme déjà réduit en quarts.

Ainsi l'équation proposée $\dfrac{x}{4} + 15 - x = 2x - 7$

devient $\quad \dfrac{x}{4} + \dfrac{60}{4} - \dfrac{4x}{4} = \dfrac{8x}{4} - \dfrac{28}{4}$

Supprimant ou chassant le dénominateur commun 4, de manière à n'opérer que sur les numérateurs, on a :
$$x + 60 - 4x = 8x - 28$$
ou $\quad 60 + 28 = 8x + 4x - x$
ou $\quad 88 = 11x$
ou $\quad \dfrac{88}{11} = x$
ou $\quad 8 = x$.

Même exemple.

2ᵉ Manière. Application du N° 64, 3ᵉ Principe.

En supprimant le dénominateur 4 du 1ᵉʳ terme, je multiplie ce 1ᵉʳ terme par 4, tous les autres termes de l'équation doivent être multipliés par 4.

Ainsi l'équation proposée $\dfrac{x}{4} + 15 - x = 2x - 7$

devient $\quad x + 60 - 4x = 8x - 28$

d'où $\quad x = 8$.

Vérification.

1ᵉʳ Membre. $\frac{x}{4}+15-x = \frac{8}{4}+15-8 = 17-8 = 9$ } $9 = 9$
2ᵉ Membre. $2x-7 = 16-7 = \ldots\ldots 9$

68. 3ᵉ Exemple. *Equation renfermant deux ou plusieurs fractions et par conséquent deux ou plusieurs dénominateurs.*

Trouver la valeur de x dans $\frac{3x}{4}+6+2x = 76-\frac{x}{6}$.

On cherche le dénominateur commun (on a soin de prendre le plus petit, afin d'avoir à opérer sur de petits nombres, voir notre arithm. Nᵒˢ 215, 216, 246); puis, on change chaque terme en expression ayant même dénominateur que le dénominateur commun.

Soit 12 le plus petit dénominateur commun.

Dans l'équation proposée $\frac{3x}{4}+6+2x = 76-\frac{x}{6}$, on écrit au-dessus de chaque terme le nombre par lequel on doit multiplier ce terme pour avoir des 12ᵉˢ.

$$\overset{3}{\frac{3x}{4}}+\overset{12}{6}+\overset{12}{2x} = \overset{12}{76}-\overset{2}{\frac{x}{6}}$$

on a . . . . $\frac{9x}{12}+\frac{72}{12}+\frac{24x}{12} = \frac{912}{12}-\frac{2x}{12}$

Chassant les dénominateurs et effectuant les opérations indiquées,

on a . . . . $9x + 72 + 24x = 912 - 2x$
ou . . . . $9x + 24x + 2x = 912 - 72$
ou . . . . $35x = 840$
ou . . . . $x = \frac{840}{35}$
ou . . . . $x = 24$.

Vérification.

1ᵉʳ Membre. $\frac{9x}{4}+6+2x = \frac{72}{4}+6+48 = 72$ } $72 = 72$
2ᵉ Membre. $76-\frac{x}{6} = 76-\frac{24}{6} = 72$

69. 4ᵉ Exemple. *Equation du premier degré par rapport à une certaine puissance de l'inconnue.*

Trouver la valeur de x dans $x^2+7 = 40-8$.

$$x^2+7 = 40-8$$
$$x^2 = 40-8-7$$
$$x^2 = 40-15$$
$$x^2 = 25$$

Supprimant l'exposant 2 de x^2, j'extrais la racine carrée du 1ᵉʳ membre; pour que l'égalité subsiste, j'extrais aussi la racine carrée du 2ᵉ membre; on a :

$$x = \sqrt{25}$$
$$x = 5.$$

Vérification.

1er Membre. $x^2 + 7 = 5^2 + 7 = 25 + 7 = 32$
2e Membre. $40 - 8 \;\;\cdots\cdots\cdots\cdots\cdots\cdots = 32 \;\;\Big\}\; 32 = 32.$

Parenthèse.

70. Une *parenthèse* sert à renfermer des termes dont les calculs sont supposés effectués.

Ainsi .... $(5 + 6 - 3) \times 9$ donne un produit égal à
$\; 8 \;\times 9$.

71. On doit traiter une parenthèse comme un nombre représentant un facteur ou un terme quelconque.

Ainsi. $\quad 1°\quad x \times (17 - a) = 40$
on a $\cdots\cdots\cdots\cdots\;\; x = \dfrac{40}{(17-a)}$

$\quad\quad 2°\quad x + (15 - m) = 14$
on a $\cdots\cdots\cdots\cdots\;\; x = 14 - (15 - m).$

Suppression d'une parenthèse précédée du signe $-$ ou du signe $\times$

72. Pour supprimer une parenthèse précédée du signe $-$, il suffit d'écrire les termes de la parenthèse, en changeant leurs signes.

Ainsi .... $18 - (4 + 10 - 3) = 18 - 4 - 10 + 3$
ou $\cdots\cdots\cdots\;\; 18 - 11 \;\;\;\;\;\;\;\;\;\;\;\; = 21 - 14$
ou $\cdots\cdots\cdots\;\; 7 \;\;\;\;\;\;\;\;\;\;\;\;\;\;\;\;\;\;\; = 7$

73. Pour développer et supprimer une parenthèse facteur d'un produit, il suffit de multiplier chaque terme qu'elle contient par l'autre facteur du produit. On a soin d'appliquer la règle des signes. (*)

Ainsi $\quad (8 + x - 3) \times 6 = 6 \times 8 + 6 x - 6 \times 3.$

(*) **Règle des signes.**

$+$ multiplié par $+$ donne $+$ ou un produit positif. Ex: $4 \times 5 = 20$
$+$ "   " $\;-$ " $\;-$ ou un produit négatif. Ex: $4 \times -5 = -20$
$-$ "   " $\;-$ " $\;+$ ou un produit positif. Ex: $-4 \times -5 = 20$
$-$ "   " $\;+$ " $\;-$ ou un produit négatif. Ex: $-4 \times 5 = -20$

Exercices et Problèmes sur les Équations.

Résoudre les équations suivantes :

1. $3x + 17 = 23$
2. $5x + 24 = 40 + x$
3. $x + 5x - 25 = 15 + x$
4. $3x - 15 + 8 = 33 - x$
5. $16x + 20 - 2x = 20x + 17$
6. $15x - 30 = 8x - 4 + 16$
7. $\frac{x}{4} + 27 = 13 + 2x$
8. $\frac{x}{5} - 9 + 15 + x = 36$
9. $\frac{x}{2} + 9 + 12 = 18 + x$
10. $150 - \frac{x}{3} - 45 = 60 + x$
11. $28x = \frac{112}{2}$
12. $\frac{x}{9} - 8 + 40 = x - 48$
13. $\frac{2x}{3} + \frac{x}{4} = 22$
14. $68 - \frac{x}{5} = 56 + \frac{x}{10}$
15. $48 + \frac{x}{4} - 35 = \frac{x}{6} + 16$
16. $63 + \frac{x}{5} + \frac{x}{4} - \frac{x}{2} = 62$
17. $12x + \frac{x}{2} - \frac{x}{4} + \frac{x}{3} = 473 - x$
18. $5x^2 = 180$
19. $3x^2 + x^2 = 64$
20. $5x = \frac{255}{x}$
21. $x = \frac{135}{x}$
22. $3x + 4x + 40 = \frac{183}{x}$
23. $72 - x = \frac{512}{x}$
24. $243 = x \times 3x$
25. $243 = x \times \frac{x}{3}$ (*)
26. $3x \times \frac{x}{4} - 12 = 36$
27. $\frac{x}{3} \times \frac{x}{5} + 30 = 45$
28. $x \times \frac{3x}{2} = 5x \times 5,4$
29. $3x \times x^2 = 2187$

Problèmes

30. Le tiers d'un nombre plus 25 donne 29 ; quel est ce nombre ?
Représentant par x, le nombre cherché, on peut écrire :
$$\frac{x}{3} + 25 = 29$$

(*) Multiplier un produit par un certain nombre, revient à multiplier un des facteurs du produit par ce nombre. Ainsi le produit $(5 \times 7) \times 3 = 5 \times 21$; $(x \times \frac{x}{3}) \times 3 = x \times \frac{3x}{3} = x \times x = x^2$

31. En diminuant de 145 les deux cinquièmes d'un nombre, on obtient pour reste 131 : quel est ce nombre ?

Équation à résoudre : $\frac{2x}{5} - 145 = 131$.

32. En dépensant les trois quarts et le cinquième de ce que je possède, il me reste 100 francs : quelle somme avais-je ?

33. La différence entre le quart et le cinquième d'un nombre est égale à 4 : quel est ce nombre ?

34. Quel est le nombre dont les $\frac{2}{7}$ égalent 40 moins ce nombre ?

35. Prendre la racine carrée de la racine cubique de a ?

36. Un père a 30 ans ; son fils en a 4. Dans combien d'années l'âge du père sera-t-il double de celui du fils ?

En représentant par x, le nombre d'années à ajouter, on a :
$$(x+4) \times 2 = 30 + x$$

37. Un enfant a 10 ans ; sa mère en a 32 : quand l'âge de la mère sera-t-il triple de celui du fils ?

38. Dans une famille, l'aîné des enfants a 17 ans et le plus jeune deux ans : quand l'âge de l'aîné sera-t-il quadruple de celui du jeune ?

39. Je possède 91 francs, et j'ai un nombre égal de pièces de 5 francs et de 2 francs : indiquer ce nombre ?

40. Quel est le nombre qui, multiplié par ses $\frac{2}{5}$, donne 160 pour produit ?

41. En effectuant le produit d'un certain nombre par ses $\frac{5}{7}$, on obtient 875 : quel est ce nombre ?

42. Quelqu'un possède une certaine somme. Il dépense les trois quarts des $\frac{5}{6}$ de cette somme : que lui reste-t-il ?

43. Un enfant dit à son père : si tu ajoutais deux francs à la somme que je possède, j'aurais les $\frac{2}{5}$ de ce qui m'est nécessaire pour acheter un dictionnaire évalué 12 francs : quelle somme ai-je ?

Surfaces

75. Une *surface* est ce qui termine un corps ; elle présente généralement deux dimensions, longueur et largeur.

76. Sur le papier ou sur un plan quelconque, la partie limitée par des lignes prend le nom de *figure*.

77. Mesurer une surface, c'est chercher combien de

fois elle contient l'unité de surface employée.

78. On distingue les petites surfaces dont le mètre carré est l'unité, et les grandes surfaces : l'are est l'unité.

79. Les principales surfaces à mesurer sont : le carré, le rectangle, le parallélogramme, le triangle, le trapèze, le losange et le cercle.

Carré

80. Le carré est une surface renfermée par quatre lignes droites, égales, perpendiculaires et formant quatre angles droits.

81. On appelle base la ligne qui limite la partie inférieure d'une figure : telle est AB.

82. On appelle hauteur une perpendiculaire à la base et élevée jusqu'à la rencontre du côté parallèle à cette même base : telle est AD.

83. Règle. On trouve la surface d'un carré en multipliant la base par la hauteur, ou en multipliant le côté par lui-même, la base et la hauteur étant égales.

84. Représentant par c, le côté du carré, et par S, sa surface,

on a . . . . $S = c^2$

Applications

85. 1er Problème. Quelle est la surface d'un carré de 75 mètres de côté.

Formule . . . . . $S = c^2$
ou . . . . . . $S = 75^2$
ou . . . . . . $S = 5625$

Réponse : surface du carré = 5625 mètres carrés

86. 2e Problème. Quel est le côté d'un carré dont la surface est de 1444 mètres carrés ?

Partant de la formule . . $S = c^2$
ou . . . . $1444 = c^2$
on a . . . . $\sqrt{1444} = c$
ou . . . . $38 = c$

Réponse : le côté du carré est égal à 38 mètres

On voit que :

87. Le côté d'un carré est égal à la racine carrée du nombre qui représente la surface de ce même carré.

Rectangle

88. Le rectangle ou carré long est une surface comprise entre quatre lignes droites, égales deux à deux, perpendiculaires et formant quatre angles droits.

89. Règle. On trouve la surface d'un rectangle en multipliant la base par la hauteur.

90. Représentant par b, la base d'un rectangle,
par h, la hauteur,
par S, sa surface,

on a $\qquad S = b \times h$

Applications

91. 1ᵉʳ Problème. Trouver en ares la surface d'un rectangle dont la base est de 15 décam. et la hauteur 67 mètres ?

Pour trouver des ares ou des décamètres carrés à la surface, il faut que les deux dimensions, longueur et largeur, soient exprimées en décamètres. (Voir notre Arithm. N° 272.)

Ainsi, base 15 décamètres ; hauteur 6 décam. 7.

La formule du rectangle $\quad S = b \times h$
donne $\qquad S = 15 \times 6,7$
ou $\qquad S = 100,5$

Réponse : la surface du rectangle égale 100 décam. carrés 50 mètres carrés ou 100 ares 50 centiares.

92. 2ᵉ Problème. Trouver la hauteur d'un rectangle dont la base est de 45 mètres et la surface 13 ares 5 centiares ?

L'unité de surface étant l'are, l'unité des dimensions est le décamètre ; la base a 45 mètres ou 4 décam. 5 mètres.

La formule du rectangle étant $\quad S = b \times h$
on a $\qquad \frac{S}{b} = h$
ou $\qquad \frac{13,05}{4,5} = h$
ou $\qquad 2,9 = h$

Réponse : la hauteur du rectangle est 2 décam. 9 mètres.

Parallélogramme

93. Un **parallélogramme** est une surface comprise entre quatre lignes droites, égales et parallèles deux à deux. Ces droites forment deux angles aigus égaux et deux angles obtus égaux.

94. **Règle.** On trouve la surface d'un parallélogramme en multipliant la base par la hauteur.

(Même formule et mêmes applications que pour le rectangle.)

Triangle.

95. Un **triangle** est une surface comprise entre trois lignes qui se coupent en formant trois angles.

96. Le **sommet** d'un triangle est le sommet de l'angle opposé à la base.

97. La **hauteur** d'un triangle est la perpendiculaire abaissée du sommet sur la base.

98. La hauteur d'un triangle est intérieure ou extérieure. Elle est intérieure, si elle est abaissée sur la base même, ainsi AB; elle est extérieure, si elle est abaissée sur le prolongement de la base, ainsi MN.

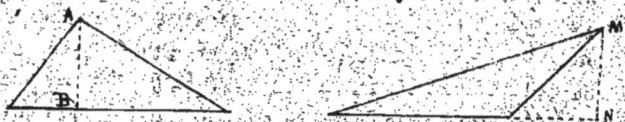

99. **Règle.** On trouve la surface d'un triangle en multipliant la base par la hauteur et prenant la moitié du produit ;
ou mieux en multipliant l'une des dimensions par la moitié de l'autre. (*)

100. Représentant par b, la base d'un triangle ; h, la hauteur ; S, la surface,

on a : $S = \dfrac{b \times h}{2}$ ou $S = \dfrac{b}{2} \times h$

_____

(*) Ainsi, $\dfrac{3 \times 8}{2} = 3 \times \dfrac{8}{2}$ car diviser un produit par un certain nombre revient à diviser un des facteurs du produit par ce même nombre.

Applications

101. 1ᵉʳ Problème. Quelle est, en centiares, la surface d'un triangle ayant 258 mètres de base et 45 mètres de hauteur ?

Le centiare = le mètre carré ; exprimons la surface du triangle en mètres carrés.

Formule du triangle . . . $S = \frac{b \times h}{2}$

ou . . . $S = \frac{258}{2} \times 45$

ou . . . $S = 129 \times 45$

ou . . . $S = 5805$

Réponse : la surface du triangle égale 5805 mètres carrés ou 5805 centiares.

102. 2ᵉ Problème. Quelle est, en mètres, la base d'un triangle dont la surface est de 15 ares et la hauteur 24 mètres ?

Pour avoir la base en mètres, il faut réduire la surface 15 ares en centiares ou mètres carrés.

$$15 \text{ ares} = 1500 \text{ mètres carrés}$$

Prenant la formule . . . $S = \frac{b \times h}{2}$

on a : . . . $2S = b \times h$

et . . . $\frac{2S}{h} = b$

ou . . . $\frac{2 \times 1500}{24} = b$

ou . . . $125 = b$

Réponse : la base du triangle est de 125 mètres.

Triangles par rapport à la longueur de leurs côtés

103. On distingue 1° le triangle équilatéral, 2° le triangle isocèle, 3° le triangle scalène.

104. Le triangle équilatéral a ses trois côtés égaux, ainsi que ses angles. Fig. A

105. Le triangle isocèle a deux côtés égaux, ainsi que deux angles. Fig. B

106. La ligne qui unit le sommet du triangle isocèle au milieu de la base est perpendiculaire sur cette base. Elle est aussi bissectrice(*) de l'angle du sommet.

_____
(*) Une bissectrice est une ligne qui divise un angle en deux parties égales.

107. Le triangle scalène a ses trois côtés inégaux, ainsi que ses angles. Fig. C.
108. La somme des angles de tout triangle est toujours égale à deux angles droits, à 2 fois 90° ou à 180°.

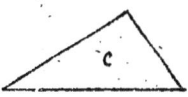

Triangle rectangle.

109. Un triangle rectangle est un triangle qui renferme un angle droit.
110. On appelle hypoténuse le côté opposé à l'angle droit d'un triangle rectangle. Fig D.
111. Un triangle rectangle isocèle a les côtés de l'angle droit égaux : ses angles aigus valent chacun 45°. Fig M.
112. Le triangle rectangle jouit d'une certaine particularité que nous allons faire connaître : nous y joindrons des applications.

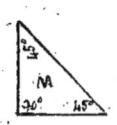

Le carré fait sur l'hypoténuse d'un triangle rectangle est égal à la somme des carrés faits sur les côtés de l'angle droit du même triangle.

Soit a, l'hypoténuse d'un triangle rectangle ;
  b, c, les côtés de l'angle droit,
on a : - - - - - - - - - $a^2 = b^2 + c^2$

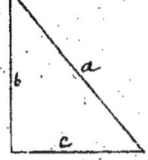

Applications.

113. 1er Problème. Trouver l'hypoténuse d'un triangle rectangle dont les côtés de l'angle droit ont 25 mètres et 18 mètres ?

Soit x, l'hypoténuse à chercher.

De la formule - - - - - $a^2 = b^2 + c^2$
ou - - - - - - - - - - - $x^2 = b^2 + c^2$
on a - - - - - - - - - - $x^2 = 25^2 + 18^2$
ou - - - - - - - - - - - $x^2 = 625 + 324$
ou - - - - - - - - - - - $x^2 = 949$
d'où - - - - - - - - - - $x = \sqrt{949}$
                        $x = 30,8$

Réponse : l'hypoténuse a 30 mètres 8 décimètres.

114. 2ᵉ Problème. L'hypoténuse d'un triangle rectangle a 40 mètres ; un des côtés de l'angle droit a 25 mètres, quelle est la longueur de l'autre côté ?

D'après la formule concernant le carré fait sur l'hypoténuse d'un triangle rectangle, on a :

$$40^2 = 25^2 + x^2$$
$$d'où \quad 40^2 - 25^2 = x^2$$
$$ou \quad 1600 - 625 = x^2$$
$$ou \quad 975 = x^2$$
$$d'où \quad \sqrt{975} = x$$
$$31,2 = x$$

Réponse : le 2ᵉ côté de l'angle droit égale 31 mètres 2 décimètres.

115. 3ᵉ Problème. Un rectangle a 42 mètres de base et 30 mètres de hauteur ; trouver la longueur de sa diagonale. (*)

Chercher la diagonale d'un rectangle, c'est chercher l'hypoténuse d'un triangle rectangle dont les côtés de l'angle droit sont la base et la hauteur du rectangle.

On a, en représentant par x la diagonale,

$$x^2 = 42^2 + 30^2$$

(Équation à résoudre.)

Réponse : la diagonale du rectangle = 51 mèt. 61 centimètres.

Surface d'un triangle connaissant la longueur des trois côtés.

116. Règle. De la demi-somme des côtés, on retranche chaque côté. On multiplie les trois restes entre eux et leur résultat par la demi-somme. La racine carrée de ce dernier produit est la surface du triangle.

117. Désignant par p, la demi-somme des côtés du triangle ;
par a, b, c, les trois côtés du triangle ;
par S, la surface.

on a : $\quad S = \sqrt{p(p-a)(p-b)(p-c)}$

(*) Une diagonale est une ligne droite qui, dans une figure, unit les sommets de deux angles opposés.

Application.

118. Trouver la surface d'un triangle dont les côtés ont 24 mètres, 20 mètres et 16 mètres ?

Somme des côtés . . . . . $24 + 20 + 16 = 60$
Demi-somme . . . . $\frac{60}{2} = 30$

D'après la formule, on a :
$$S = \sqrt{30 \times (30-24) \times (30-20) \times (30-16)}$$
$$S = \sqrt{30 \times 6 \times 10 \times 14}$$
$$S = \sqrt{25200}$$
$$S = 158,74$$

Réponse : la surface du triangle égale 158 mètres carrés 74 décim. car.

Trapèze.

119. Un trapèze est une surface comprise entre quatre lignes droites dont deux seulement sont parallèles.

120. Les côtés parallèles du trapèze prennent le nom de bases ; l'un s'appelle base inférieure, l'autre, base supérieure.

121. La hauteur d'un trapèze est la perpendiculaire abaissée de la base supérieure sur la base inférieure.

122. Règle. On trouve la surface d'un trapèze en multipliant la hauteur par la demi-somme des bases.

123. Représentant par B, la base inférieure d'un trapèze ;
par b, la base supérieure ;
par h, la hauteur ;
par S, sa surface,

on a : . . . . $S = \frac{B+b}{2} \times h$

Applications.

124. 1ᵉʳ Problème. Quelle est, en ares et en centiares, la surface d'un trapèze dont les dimensions sont : base inférieure 45 mètres ; base supérieure 30ᵐ,6 et hauteur 25 mètres ?

Formule du trapèze . . . $S = \frac{B+b}{2} \times h$
$$S = \frac{45 + 30,6}{2} \times 25$$
$$S = 37,8 \times 25$$
$$S = 945.$$

Réponse : la surface du trapèze égale 945 mètres carrés ou 945 centiares ou 9 ares 45 centiares.

125. **2ᵉ Problème.** La surface d'un trapèze est de 945 mètres carrés ; les bases ont 45 mètres et 30 mèt. 6 ; trouver la hauteur ?

De la formule . . . . . $S = \frac{B+b}{2} \times h$

on tire . . . . . $2S = (B+b) \times h$

et . . . . . $\frac{2S}{B+b} = h$

ou . . . . . $\frac{2 \times 945}{45 + 30,6} = h$

ou . . . . . $\frac{1890}{75,6} = h$

ou . . . . . $25 = h$

Réponse : la hauteur du trapèze est de 25 mètres.

126. **3ᵉ Problème.** La surface d'un trapèze est de 945 mètres carrés ; la hauteur est de 25 mètres ; l'une des bases est de 45 mètres ; trouver l'autre ?

Soit b, la base inconnue à chercher.

Partant de la formule . . . . . $S = \frac{B+b}{2} \times h$

on a . . . . . $2S = (B+b) \times h$

et . . . . . $\frac{2S}{h} = B+b$

et . . . . . $\frac{2S}{h} - B = b$

ou . . . . . $\frac{2 \times 945}{25} - 45 = b$

ou . . . . . $75,6 - 45 = b$

ou . . . . . $30,6 = b$

Réponse : la base inférieure a 30 mètres 6.

127. **4ᵉ Problème.** Indiquer les bases d'un trapèze de 945 mètres carrés de superficie, la hauteur étant 25 mètres et la différence des bases 14ᵐ,4 ?

Dans une soustraction, le plus grand nombre = le plus petit nombre + le reste.

Dans notre exemple, on a . . . grande base = petite base + reste

ou . . . . . $B = b + 14,4$

De la formule . . . . . $S = \frac{B+b}{2} \times h$

on tire . . . . . $2S = (B+b) \times h$

et . . . . . $\frac{2S}{h} = B+b$

Remplaçant B par sa valeur . . . . . $b + 14,4$

on a . . . . . $\frac{2 \times 945}{25} = b + b + 14,4$

et . . . . . $\frac{2 \times 945}{25} - 14,4 = 2b$

ou . . . . . $\frac{1890}{25} - 14,4 = 2b$

ou	$75,6 - 14,4 = 2b$	
ou	$61,2 = 2b$	
et	$\frac{61,2}{2} = b$	
ou	$30,6 = b$	

Réponse : Petite base $\dots\dots\dots = 30,6$
Grande base $= 30,6 + 14,4 = 45$

Losange.

128. Le losange a, comme le carré, ses côtés égaux et, comme le parallélogramme, ses côtés parallèles deux à deux. Deux de ses angles sont aigus et les autres sont obtus.

129. Les diagonales d'un losange se coupent mutuellement à angles droits et en deux parties égales ; elles divisent le losange en quatre triangles rectangles égaux.

130. Règle. On trouve la surface d'un losange en multipliant une des diagonales par la moitié de l'autre, ou, comme pour le parallélogramme, en multipliant la base par la hauteur.

Représentant par D, la grande diagonale d'un losange ;
par d, la petite diagonale ;
par S, sa surface,

on a $\dots\dots\dots\dots\quad S = D \times \frac{d}{2} \quad$ ou $\quad S = \frac{D}{2} \times d$.

Applications.

131. 1er Problème. Trouver la surface d'un losange dont les diagonales ont l'une 25 mètres, l'autre 18 mèt.?

La formule	$S = D \times \frac{d}{2}$
donne	$S = 25 \times \frac{18}{2}$
ou	$S = 25 \times 9$
ou	$S = 225$.

Réponse : la surface du losange égale 225 mètres carrés.

132. 2e Problème. La surface d'un losange est de 225 mètres carrés ; l'une des diagonales a 25 mètres, trouver l'autre ?

Soit d, la diagonale inconnue à chercher.
Partant de la formule $\dots\quad S = D \times \frac{d}{2}$,
on a $\dots\dots\dots\dots\quad 225 = D \times \frac{d}{2}$

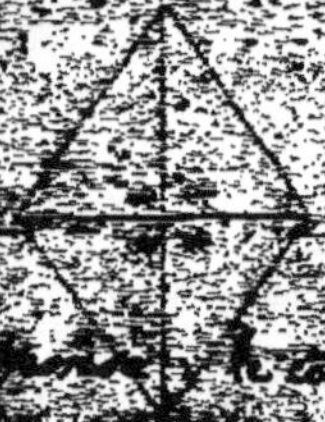

Applications.

138. **1ᵉʳ Problème.** Trouver la circonférence d'un cercle de 8 mètres de rayon ?

$$\text{circ} = 2\pi R$$
$$\text{circ} = 3,142 \times 16$$
$$\text{circ} = 50,272$$

Réponse : la circonférence égale 50 mètres 272 millimètres.

139. **2ᵉ Problème.** Trouver le rayon d'une circonférence de 149 mètres de longueur ?

De la formule $\quad \text{circ} = 2\pi R$

on tire $\quad \dfrac{\text{circ}}{2\pi} = R$

ou $\quad \dfrac{149}{2 \times 3,142} = R$

ou $\quad 23,71 = R$

Réponse : le rayon de la circonférence égale 23 mèt. 71 cent.

Cercle

140. Un cercle est une surface comprise dans la circonférence.

141. **Règle.** On trouve la surface d'un cercle en multipliant la circonférence par la moitié du rayon ou par le quart du diamètre.

142. Désignant par R, le rayon du cercle,
par $2\pi R$, la circonférence,
par S, la surface du cercle,
on a : $\quad S = 2\pi R \times \dfrac{R}{2}$

143. **Autre règle.** On trouve la surface d'un cercle en multipliant 3,142 par le carré du rayon. (*)

144. Désignant par R, le rayon du cercle;
par π, 3,142;
par S, la surface du cercle,
on a : $\quad S = \pi R^2$

Nota. Nous ferons usage de cette dernière règle.

(*) Nous allons déduire cette 2ᵉ règle de la 1ʳᵉ :

la 1ʳᵉ règle donne $\quad S = 2\pi R \times \dfrac{R}{2}$

qu'on peut écrire $\quad S = \dfrac{2\pi R \times R}{2}$

et, en simplifiant par 2 $\quad S = \pi R \times R$ ou $S = \pi R^2$.

Applications.

145. 1ᵉʳ Problème. Quelle est la surface d'un cercle de 15 mètres de rayon ?

D'après la formule . . . $S = \pi R^2$
on a . . . $S = 3,142 \times 15^2$
ou . . . $S = 3,142 \times 225$
ou . . . $S = 706,95$

Réponse : la surface du cercle égale 706 mèt. car. 95 décim. car.

146. 2ᵉ Problème. Quel est le diamètre d'un cercle dont la surface est de 706 mètres carrés 95 décim. carrés ?

D'après la formule . . . $S = \pi R^2$
ou . . . $\pi R^2 = S$
on a . . . $R^2 = \frac{S}{\pi}$
d'où . . . $R = \sqrt{\frac{S}{\pi}}$
ou . . . $R = \sqrt{\frac{706,95}{3,142}}$
ou . . . $R = \sqrt{225}$
ou . . . $R = 15$

$2R$ ou Diamètre . . . = 2 fois 15 ou 30 mètres.

Couronne.

147. Une couronne est une surface comprise entre deux circonférences concentriques ou de même centre.

148. Règle. La surface d'une couronne est égale à la surface du grand cercle diminuée de celle du petit. ou, La surface d'une couronne est égale à 3,142 multiplié par la somme et le résultat, par la différence des rayons. (*)

(*) Cette 2ᵉ règle se déduit de la 1ʳᵉ.
La surface de la couronne est fournie par le grand cercle . . . πR^2
diminué du petit cercle . . . πr^2
Effectuant la soustraction et mettant π facteur commun, on a :

Couronne = $\pi (R^2 - r^2)$.

car, retrancher deux produits qui ont un facteur commun, revient à multiplier le facteur commun par la différence des facteurs non communs. De plus, $R^2 - r^2$ étant le produit de $(R+r)$ par $(R-r)$, voir page 92 N° 436, on a :

Couronne = $\pi \times (R+r) \times (R-r)$

149. Représentant par R, le rayon du grand cercle ;
　　　　　　　　par r, le rayon du petit cercle ;
　　　　　　　　par π, 3,142 ;
　　　　　　　　par S, la surface de la couronne

on a :

　　1ère Règle　　$S = \pi R^2 - \pi r^2$
　　2e Règle　　$S = \pi \times (R+r) \times (R-r)$. (*)

Application

150. Problème. Trouver la surface d'une couronne dont les rayons sont 20 mètres et 12 mètres ?

Nous ferons usage de la 2e règle.

　　$S = \pi \times (R+r) \times (R-r)$
　　$S = 3,142 \times (20+12) \times (20-12)$
　　$S = 3,142 \times 32 \times 8$
　　$S = 3,142 \times 256$
　　$S = 804,352$

Réponse : la surface de la couronne égale 804 mèt. car. 35 décim. car. 20 centim. car.

Figures équivalentes

151. Deux figures de forme différente, sont équivalentes lorsqu'elles ont même surface.
　Ainsi, un triangle peut être équivalent à un carré, à un cercle.

152. Règle. Pour trouver une des dimensions d'une figure équivalente à une autre, on fait, de leurs formules de surface, une équation dont on déduit facilement la valeur de l'inconnue à chercher.

Applications

153. 1er Problème. Trouver le côté d'un carré équivalent à un rectangle de 18 mètres de base et de 8 mètres de hauteur ?

Représentant par x le côté du carré, nous avons :

(*) Voir le renvoi de la page précédente.

$$\text{Surface du carré} = \text{Surface du rectangle}$$
$$x^2 = b \times h$$
$$x^2 = 18 \times 8$$
$$x^2 = 144$$
$$x = \sqrt{144}$$
$$x = 12$$

Réponse : le côté du carré est de 12 mètres.

154. 2ᵉ Problème. Un triangle est équivalent à un cercle de 5 mètres de rayon. La base du triangle est de 15 mètres, trouver sa hauteur ?

h, hauteur du triangle est l'inconnue à chercher ; nous écrirons :

$$\text{Surface du triangle} = \text{Surface du cercle}$$
$$\text{ou} \quad \frac{b \times h}{2} = \pi R^2$$
$$\text{d'où} \quad b \times h = 2\pi R^2$$
$$\text{et} \quad h = \frac{2\pi R^2}{b}$$
$$h = \frac{2 \times 3,142 \times 25}{15}$$
$$h = 10,47$$

Réponse : la hauteur du triangle est 10 mètres 47 centimètres.

Polygones.

155. Un polygone est une surface comprise entre plusieurs lignes qui se coupent.

156. On appelle périmètre, la somme des côtés du polygone.

157. On appelle apothème, la perpendiculaire abaissée du centre du polygone régulier sur un de ses côtés.

158. Le triangle est le plus simple des polygones.

159. On appelle quadrilatères les polygones qui ont 4 côtés ;
pentagones   "   "   5 ;
hexagones   "   "   6 ;
heptagones   "   "   7 ;
octogones   "   "   8 ;
décagones   "   "   10 ;

Nota. Le côté de l'hexagone régulier inscrit est égal au rayon.

160. Un polygone peut être régulier ou irrégulier, inscrit ou circonscrit.

161. Un polygone est régulier, si ses côtés sont égaux ainsi que ses angles.

162. Un polygone est irrégulier si ses côtés ou ses angles sont inégaux.
163. Un polygone est inscrit si, dans un cercle, ses côtés sont des cordes.
164. Un polygone est circonscrit si, autour d'un cercle, ses côtés sont des tangentes.

Polygone régulier

165. **Règle.** Pour trouver la surface d'un polygone régulier, on multiplie son périmètre par la moitié de son apothème.

Applications

166. **1ᵉʳ Problème.** Trouver la surface d'un hexagone régulier dont le côté a 16 mètres et l'apothème 13ᵐ,85 ?

$$\text{surface} = \text{périmètre} \times \tfrac{1}{2}\,\text{apothème}$$
$$S = 16 \times 6 \times \tfrac{13,85}{2}$$
$$S = 96 \times 6,925$$
$$S = 664,80$$

Réponse. Surface de l'hexagone égale 664 mèt. car. 80 décim. car.

167. **2ᵉ Problème.** Quel est l'apothème d'un hexagone régulier dont le côté a 16 mètres ?

D'après le Nº 159, nous le côté de l'hexagone régulier inscrit est égal au rayon. Le triangle formé par deux rayons et un côté de l'hexagone est donc équilatéral. Ce triangle équilatéral est, par l'apothème, divisé en deux triangles rectangles égaux.

L'apothème à chercher est un des côtés d'un triangle rectangle dont on connaît l'hypoténuse (rayon du cercle) et l'autre côté de l'angle droit (moitié du côté de l'hexagone).

On a :
$$x^2 + 8^2 = 16^2$$
$$x^2 = 16^2 - 8^2$$
$$x^2 = 256 - 64$$
$$x^2 = 192$$
$$x = \sqrt{192}$$
$$x = 13,85$$

Réponse. L'apothème de l'hexagone régulier égale 13 mètres 85 centimètres.

Polygones irréguliers.

168. 1° *Décomposition en triangles.*

Règle. On divise en triangles le polygone irrégulier donné. La somme des surfaces des différents triangles est la surface du polygone.

Application.

Soit à trouver la surface du polygone irrégulier MNOPRS.

Triangle A = $30 \times \frac{10}{2}$ = 30×5 = 150
Triangle B = $35 \times \frac{12}{2}$ = 35×6 = 210
Triangle C = $35 \times \frac{20}{2}$ = 35×10 = 350
Triangle D = $\frac{28}{2} \times 9$ = 14×9 = 126

Surface du polygone . . . . = 836 mètres carrés.

169. 2° *Décomposition en triangles et en trapèzes.*

Règle. On mène la plus grande diagonale possible. Sur cette même diagonale, on abaisse des perpendiculaires des différents sommets saillants ou rentrants. La somme des surfaces des triangles et des trapèzes ainsi obtenus est la surface du polygone irrégulier donné.

Application.

Soit à trouver la surface du polygone irrégulier MNOPRST.

Triangle A = $10 \times \frac{18}{2}$ = 10×9 = 90
Trapèze B = $15 \times \frac{18+20}{2}$ = 15×19 = 285
Trapèze C = $5 \times \frac{20+12}{2}$ = 5×16 = 80
Trapèze D = $12 \times \frac{12+11}{2}$ = $12 \times 11,5$ = 138
Triangle E = $11 \times \frac{5}{2}$ = $11 \times 2,5$ = 27,5
Triangle F = $47 \times \frac{15}{2}$ = $47 \times 7,5$ = 352,5

Surface du polygone . . . . = 973,0   973 mèt. carrés.

Surface comprise entre une ligne courbe et une ligne droite qui se coupent.

170. Règle. On élève sur la ligne droite prise pour base, différentes perpendiculaires également espacées

manière que les parties de la ligne courbe forment
presque des lignes droites. Cela fait, on multiplie
l'une des parties de la base par la somme des perpendiculaires élevées. Le produit obtenu est la surface demandée.

Application.

Soit à chercher la surface de la
figure MNO.

Surface = $12 \times (8 + 10 + 9)$
S = 12×27
S = 324 mètres carrés.

Démonstration.

Pour démontrer cette règle, nous allons nous appuyer sur ce qui suit :

Pour faire la somme de plusieurs produits qui ont un facteur commun, il suffit de multiplier le facteur commun par la somme des facteurs non communs.

Ainsi $5 \times 6 + 5 \times 7 + 5 \times 8 = 5 \times (6+7+8) = 5 \times 21 = 105$.

La figure donne :

Triangle A = $12 \times \frac{8}{2}$
Trapèze B = $12 \times \frac{8+10}{2}$
Trapèze C = $12 \times \frac{10+9}{2}$
Triangle D = $12 \times \frac{9}{2}$

Somme ou Surface = $12 \times (\frac{8}{2} + \frac{8+10}{2} + \frac{10+9}{2} + \frac{9}{2})$
= $12 \times (\frac{8}{2} + \frac{8}{2} + \frac{10}{2} + \frac{10}{2} + \frac{9}{2} + \frac{9}{2})$
= $12 \times (8 + 10 + 9)$

Note. Même démonstration pour les figures suivantes.

Surface d'un triangle dont un côté est une ligne courbe.

171. Règle. On multiplie l'une des parties de la base divisée en parties égales par (la moitié de la perpendiculaire extrême augmentée de la somme des autres perpendiculaires). Le produit est la surface demandée.

Applications.

172. 1er Problème. Soit à trouver la surface de la figure MNO.

(ON est perp.ⁱᵉ à la base MO)

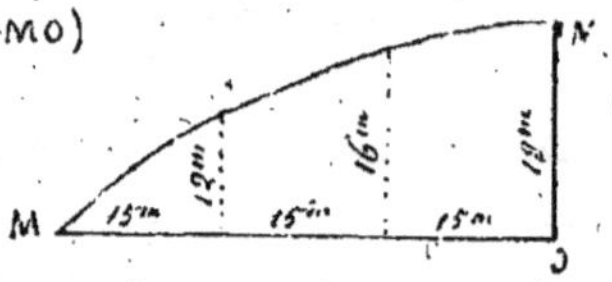

Surface = 15 × (18/2 + 16 + 12)
S = 15 × (9 + 16 + 12)
S = 15 × 37
S = 555

Réponse : La surface égale 555 mèt. carrés ou 5 ares 55 centiares.

173. 2ᵉ Problème. Trouver la surface des figures MON, MOR.
(ON, OR, ne sont pas perpendiculaires à la base MO.)

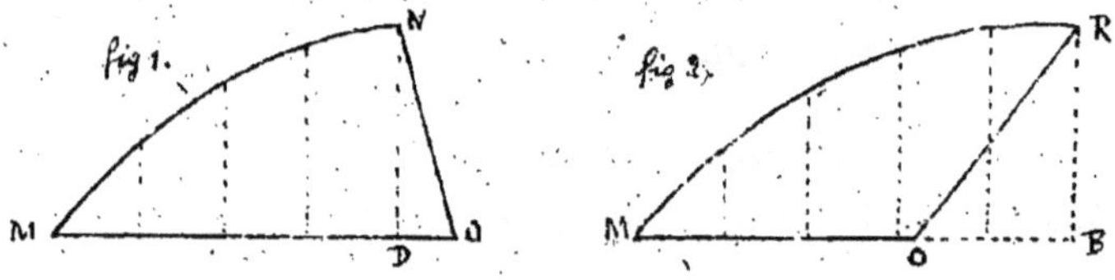

fig. 1.   fig. 2.

Fig. 1 ... Surface = MND + Surface du triangle DNO.
Fig. 2 ... Surface = MRB − Surface du triangle ORB.

Surface d'un trapèze curviligne (*)

174. Règle. On multiplie l'une des parties de la base divisée en parties égales par (la demi-somme des perp.ʳᵉˢ extrêmes, augmentée de la somme des perpendiculaires intermédiaires.) Le produit obtenu est la surface demandée.

Application.

175. Problème. Trouver la surface de la figure ABCD.

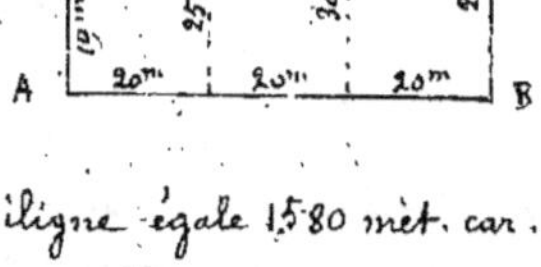

Surface = 20 × ((19+29)/2 + 25 + 30)
S = 20 × (48/2 + 25 + 30)
S = 20 × (24 + 25 + 30)
S = 20 × 79
S = 1580

Réponse : la surface du trapèze curviligne égale 1580 mèt. car. ou 15 ares 80 centiares.

176. Nota. Si les côtés de la figure donnée n'étaient pas perpendiculaires à la base, on limiterait un trapèze curviligne

---

(*) Une des bases du trapèze curviligne est une ligne courbe ; les côtés parallèles du trapèze curviligne sont perp.ʳᵉˢ à l'autre base.

par deux perpendiculaires abaissées des extrémités de la courbe sur la base ou sur son prolongement.

Alors on aurait soin d'ajouter ou de diminuer à la surface du trapèze curviligne les triangles extrêmes de manière à avoir la surface de la figure proposée.

Fig. ABCD = trapèze curviligne AOND + triang. DNC − triangle AOB.

177. Soit à trouver la surface de la figure ABCD, formée par deux lignes courbes et deux lignes droites.

J'unis les points D et C par une ligne droite que je prolonge à droite et à gauche. Des points A et B, j'abaisse des perp.res sur la ligne MN. J'ai ainsi le trapèze curviligne AMNB, dont je cherche la surface.

De ce trapèze, j'en retranche les surfaces des triangles AMD, BCN et celle de DOC. Le reste donne la surface de la figure proposée.

178. Déterminer la surface d'un bois, d'un marais, d'une pièce de terre quelconque dans laquelle on ne peut pénétrer.

Soit ONRM, la surface à mesurer. On entoure cette surface d'un carré ou d'un rectangle que l'on mesure.

On en retranche les surfaces AON, ND, MRC, OBM : le reste donne la superficie de la pièce à mesurer.

Longueur d'un arc exprimé en degrés.

179. Règle. Pour trouver la longueur d'un arc exprimé en degrés, on multiplie la longueur de la circonférence par les degrés de l'arc, et l'on divise le produit par les 360 degrés de la circonférence.

Application.

180. Trouver la longueur de l'arc correspondant à 40 degrés dans une circonférence de 25 mètres de rayon ?

Cherchons la longueur de la circonférence.
$$circ = 2\pi R$$
$$circ = 2 \times 3{,}142 \times 25$$
$$circ = 157^{m}{,}10$$

Maintenant nous dirons :

à la circ. ou à 360° correspondent 157^m,10
à un arc de 40°   "   x^m

$$x = \frac{157{,}10 \times 40}{360} = 17{,}455.$$

Réponse : la longueur de l'arc est de 17 mèt. 455 millimètres.

Longueur d'un arc exprimé en degrés, minutes ou secondes.

181. Règle. Pour trouver la longueur d'un arc exprimé en degrés, minutes ou secondes, on multiplie la longueur de la circonférence par l'arc réduit en minutes ou en secondes, et l'on divise le produit par les 360 degrés de la circonférence, réduits en minutes ou en secondes.

Application.

182. Trouver la longueur de l'arc correspondant à 30° 40′ 15″ dans une circonférence dont la longueur est de 25 mètres ?

30° 40′ 15″ = 110400″
360° = 1296000″

En appliquant la règle ou par un raisonnement analogue à celui du problème précédent, on trouve $x = \dfrac{25 \times 110400}{1296000} = 2^m{,}13.$

Mesure d'un arc dont la longueur est donnée.

183. Règle. Pour évaluer en degrés un arc dont on donne la longueur, ainsi que celle de la circonférence à laquelle il appartient, on multiplie les 360 degrés de la circonférence par la longueur de l'arc et l'on divise le produit par la longueur de la circonférence.

Si les degrés du quotient ne donnent la mesure exacte de l'arc, on multiplie le reste de la division par 60 pour avoir des minutes.

Si, après les minutes du quotient, la division donne un reste, on multiplie ce nouveau reste par 60 pour avoir des secondes.

Application

1184. Problème. Quelle est la mesure d'un arc de 12 mètres dans une circonférence ayant 70 mètres de longueur ?

La règle précédente donne — — — Mesure de l'arc = $\frac{360 \times 12}{70}$

Nous dirons aussi :

à la longueur de la circ. ou à 70^m correspondent 360°
à la longueur de l'arc ou à 12^m   "   x°

$$x = \frac{360 \times 12}{70} = \frac{432}{7} = 61°42'51''$$

Calculs :

```
432 | 7
 12 |61° 42' 51''
  5
 × 60'
 300'
  20
   6
 × 60''
 360''
  10
   3
```

Secteur

1185. Un secteur est une portion de cercle comprise entre un arc et deux rayons.

1186. Règle. On trouve la surface du secteur en multipliant la longueur de l'arc par la moitié du rayon.

Ainsi, surface secteur = arc × $\frac{R}{2}$

Application

1187. Trouver la surface du secteur BCNA, le rayon du cercle étant 24 mètres et l'arc 29 mètres ?

Surface secteur = arc × $\frac{R}{2}$

$S = 29 \times \frac{24}{2}$

$S = 29 \times 12$

$S = 348$

Réponse : Surface du secteur égale 348 mètres carrés.

Segment

1188. Un segment est la portion de cercle comprise entre un arc et sa corde.

1189. Règle. On trouve la surface d'un segment en retranchant de la surface du secteur celle du triangle formé par les rayons du secteur et de la corde.

Ainsi, segment ARBO = secteur NAOB − triangle ANB.

Nota. Ce calcul est facile, les dimensions du secteur et du triangle étant connues.

1190. On peut aussi trouver la surface d'un segment par le moyen indiqué au N° 170.

Problèmes sur les Surfaces.

Nota. Les problèmes sur les surfaces, contenus dans notre Arithmétique, et ceux qui suivent, peuvent, comme exercices sur les équations, être résolus au moyen des formules que nous avons données.

44. On demande, en ares et en centiares, la surface d'un carré de 538 mètres de côté ?

45. Quel est, à un centimètre près, le côté d'un carré de 3560 mètres carrés de superficie ?

46. On a 1521 choux qu'on plante dans un carré et distants l'un de l'autre de 65 centimètres : trouver le côté du carré et par suite sa surface ?

47. Un rectangle a 86 mètres de base et 3 décimètres de hauteur : indiquer sa superficie en ares et en centiares ?

48. Un marchand a une pièce de drap, qui a 25 mètres de long et une surface de 18 mètres carrés 75 décimètres carrés : indiquer la largeur de la pièce ?

49. Une salle est entourée des pièces de monnaie suivantes : longueur 160 pièces de 5 francs, en argent ; largeur 128 pièces de 2 francs : trouver, en décim. car. la surface de cette salle ?

50. La surface d'un rectangle est de 1500 mètres carrés. Sa base est double de sa hauteur : trouver ses dimensions en décimètres ?

51. La hauteur d'un rectangle est triple de sa base ; sa surface est de 20 hectares : trouver ses dimensions ?

52. Un ouvrier peint un appartement dont les murs ont : hauteur 3 mètres 25 millimètres ; largeur 5 mètres 4 décimètres ; longueur 8 mètres 3 centimètres : que lui est-il dû à 35 centimes le mètre carré ?

53. Une rue pavée a 125 mètres de long sur 8 mètres 5 décimètres de large : trouver le nombre de pavés de cette rue, en supposant que chacun d'eux présente une surface de 2 décimètres de long sur 12 centimètres de large ?

54. Un parallélogramme présente une surface de 538 mètres carrés ; sa base est de 915 décimètres : trouver sa hauteur en centimètres ?

55. Trouver la surface d'un triangle dont la base est de 8 décam. 7 décimètres et la hauteur 38 mètres ?

56. La base d'un champ triangulaire a 14 décamètres 8 mètres ;

sa hauteur a 579 décimètres ; trouver en ares et en centiares la surface de ce champs, et la somme qu'il produirait, s'il était vendu 85 centimes le mètre carré ?

57. La surface d'un triangle est de 75 ares ; sa base est de 125 mètres ; trouver la hauteur ?

58. On demande la base d'un triangle dont la hauteur a 27 mètres, la surface étant de 15 ares 28 centim. carrés ?

59. Un triangle à 12 ares 6 centiares de superficie ; sa base est triple de sa hauteur ; trouver ses dimensions ?

60. Les côtés d'un triangle rectangle ont 12 mètres et 20 mètres ; quelle est la longueur de l'hypoténuse ?

61. Trouver la longueur d'une échelle qui atteint à une hauteur de 15 mètres, et dont le pied est distant du mur de 9 mètres 5 décimètres ?

62. L'hypoténuse d'un triangle rectangle a 32 mètres ; un des côtés de l'angle droit a 18 mètres ; trouver la longueur de l'autre ?

63. Un rectangle à 32 mètres de base et 4 décimètres de hauteur, trouver sa diagonale ?

64. Un champ, de forme triangulaire, a une surface de 200 mètres carrés ; sa base est quadruple de sa hauteur ; trouver ses dimensions ?

65. Un triangle isocèle a une surface de 676 mètres carrés ; sa hauteur est double de sa base ; trouver 1° ses dimensions ; 2° la longueur de chaque côté du triangle ?

66. Trouver la surface d'un carré dont la diagonale a 38 mèt. ?

67. La base d'un rectangle est quadruple de sa hauteur ; sa surface est égale à 15 hectares ; trouver 1° ses dimensions en mètres et décimètres ; 2° la longueur de ses diagonales ?

68. Trouver le côté et par suite la surface d'un carré dont la diagonale a 80 mètres ?

69. Une échelle, longue de 13^{m}5 est distante d'un mur de 4^{m}25 : à quelle hauteur atteint-elle ?

70. La hauteur d'un rectangle a 20 mètres ; sa diagonale a 15^{m}4 ; quelle est sa base ?

71. Les côtés d'un triangle ont 20 mètres, 25 mètres et 30 mètres ; indiquer sa surface et sa valeur à 750 f. l'are ?

72. Trouver le côté d'un triangle isocèle dont la surface est 100 mètres carrés et la hauteur 2 décam. 5 mètres ?

73. Les dimensions d'un trapèze sont : bases 25 mètres et 364 décimètres, hauteur 1 décam. 3 mètres ; trouver sa surface ?

74. La surface d'un trapèze est de 8 ares ; trouver sa hauteur

les bases étant 25 mètres et 12 mètres ?

75. Trouver la surface d'un triangle dont les côtés ont 3 mètres, 4 mètres, 6 mètres ?

76. Une pièce de terre a les dimensions suivantes : base inférieure 63 mètres, base supérieure 8 décam. 9 mètres, hauteur 385 décimètres ?

77. Indiquer les bases d'un trapèze de 5 hectares 9 ares de superficie, la hauteur étant 4 décam. 5 mètres et la différence des bases 38 mètres ?

78. La base inférieure d'un trapèze est double de la base supérieure, sa hauteur est la moitié de la base supérieure, sa surface est de 675 mètres carrés ; trouver les dimensions de ce trapèze.

79. La base supérieure d'un trapèze est le tiers de la base inférieure ; la hauteur est le quart des bases réunies : trouver les dimensions de ce trapèze dont la surface est de 1250 ares 50 centiares ?

80. Les diagonales d'un losange ont 32 mètres et 45 mètres : indiquer sa surface ?

81. Trouver le côté et la hauteur du losange du problème précédent.

82. La surface d'un losange est de 2 hectares 12 centiares ; une des diagonales a 35 mètres ; trouver l'autre ?

83. Quelle est la longueur d'une circonférence de 15 mètres de rayon ?

84. Une circonférence a 342 mètres ; quel est 1° son rayon, 2° son diamètre ?

85. Trouver le rayon d'un cercle de 68^m,72 de circonférence ?

86. Quel est le diamètre d'un cercle dont la surface est de 3 hectares 75 centiares ?

87. Un rectangle a 75 mètres de base et 6 décam. 3 mètres de hauteur. On décrit, dans ce rectangle, un cercle dont le diamètre est égal à la hauteur du rectangle : indiquer la surface extérieure au cercle.

88. Quelle est la circonférence d'un cercle dont la surface est de 35 décam. car. 8 mètres carrés ?

89. Deux cercles sont entre eux comme les carrés de leurs rayons $\frac{Cercle}{cercle} = \frac{R^2}{r^2}$. Si le petit cercle est les $\frac{2}{3}$ du grand et que le rayon du grand cercle soit égal à 18 mètres, indiquer le rayon du petit cercle.

90. On demande la surface d'une couronne dont les rayons ont 25 mètres et 18 mètres ?

91. Une couronne a 6 ares 15 centiares de superficie ; le

rayon du grand cercle est de 35 mètres : trouver le diamètre du petit cercle ?

92. La surface d'une couronne est de 99 ares 8 centiares ; le rayon du petit cercle est de 13 mètres : trouver le rayon du grand cercle ?

93. Une couronne a pour diamètres $1^m,5$ et $1^m,10$: trouver sa surface ?

94. Un cercle a 48 mètres de diamètre : 1° quelle est sa surface ; 2° quelle serait la base d'un rectangle équivalent à ce cercle, la hauteur du rectangle étant de 3 décam. ?

95. Une personne a déboursé 2500 fr. pour un terrain vendu 38 centimes le mètre carré. Trouver 1° en ares la surface de ce terrain ; 2° la longueur en décamètres du côté d'un carré équivalent à ce même terrain ?

96. Un parallélogramme, équivalent à un carré de 65 ares 75 centiares, a une base double de sa hauteur, indiquer ses dimensions ?

97. Un triangle a une base quintuple de sa hauteur. Il est équivalent à un cercle de 48 mètres de diamètre : trouver les dimensions de ce triangle ?

98. Quel est le rayon d'un cercle équivalent à un trapèze dont les dimensions sont : base sup^{re} 315 mètres, base inf^{re} 56 décamètres, hauteur 295 décimètres ?

99. Un carré offre une surface de 9 ares 92 centiares 25 décimètres carrés. Trouver cette surface au moyen du périmètre et de l'apothème ?

100. La base d'un rectangle est triple de sa hauteur. La somme des dimensions du rectangle est égale à la circonférence d'un cercle qui a 8 mètres de rayon : trouver 1° les dimensions du rectangle ; 2° sa surface ; 3° sa valeur à 2500 francs l'hectare ?

101. Quelle est la surface d'un pentagone régulier dont le côté a 185 mètres, et l'apothème 13 décam. 4 mètres ?

102. Un hexagone régulier a 21 mètres de côté : trouver sa surface ?

103. Un octogone régulier a 13 mètres 25 centimètres de côté ; son apothème est de 158 décimètres : trouver sa surface ?

104. Quel est l'apothème d'un hexagone régulier dont le côté a 40 mètres ?

105. Dans une circonférence de 57 mètres de diamètre, quelle est la longueur d'un arc correspondant à 65° ?

106. Trouver la longueur d'un arc de 45° dans une circonférence de 28 mètres de diamètre ?

107. Quelle est la mesure d'un arc correspondant à 35 mètres,

dans une circonférence de 17 mètres de rayon ?

108. Quelle est, dans une circonférence de 4 mètres 25 centimètres de rayon, la longueur d'un arc de 20° 15′ ?

109. Un cercle a 12 mètres de rayon ; quelle est la longueur d'un arc de 160° 25′ 30″ ?

110. Trouver la mesure d'un arc dont la longueur est de 9 m. 2 centimètres, dans une circonférence de 15 mètres de rayon ?

111. Une circonférence a 8 mètres 25 de diamètre ; un arc de cette circonférence a 6 mètres 48 ; indiquer la mesure de cet arc ?

112. Dans un cercle de 12 mètres de rayon, l'arc d'un secteur a 8 mèt. 425 ; trouver la surface de ce secteur ?

113. Un cercle a 52 mètres 15 centim. de circonférence ; trouver la surface d'un secteur dont l'arc a 14 mètres ?

114. Dans un cercle de 32 mètres de diamètre, l'arc du secteur a 15° 18′ 25″ ; indiquer la surface du secteur ?

115. Dans une circonférence de 135 mètres de diamètre, un arc a 35° 28″ ; indiquer la surface du secteur correspondant à l'arc donné ?

116. Un triangle est équivalent à un carré dont la diagonale a 40 mètres ; trouver les dimensions du triangle, la hauteur étant triple de la base ?

117. Trouver la surface d'un triangle équilatéral dont le côté a 35 mètres ?

118. Indiquer la hauteur d'un triangle équilatéral du problème précédent ?

119. Un cercle de 65 mètres de rayon est équivalent à un carré ; trouver 1° le côté de ce dernier ; 2° son périmètre ; 3° son apothème ?

120. Un triangle est équivalent à un carré de 7 décim. de côté. La hauteur du triangle est égale au côté du carré ; trouver sa base ?

121. Une couronne est équivalente à un trapèze de dimensions suivantes : bases 98 mèt. et 145 mètres ; hauteur 95 décim. Le grand diamètre de la couronne étant de 58 mètres, trouver le diamètre du petit cercle ?

122. On demande le côté d'un carré équivalent à un secteur dont l'arc a 40° 28′ dans un cercle de 25 mètres de rayon ?

123. La géométrie démontre que le côté du carré inscrit est au rayon du cercle circonscrit comme la racine carrée de 2 est à 1 : $\frac{c}{2} = \frac{\sqrt{2}}{1}$. D'après cela :

1° trouver le côté du carré inscrit dans un

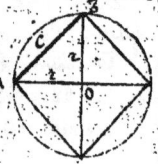

cercle de 32 mètres de rayon.

2° trouver le rayon du cercle circonscrit quand le côté du carré inscrit est égal à 60 mètres ? (*)

124. La surface d'un trapèze est de 50 ares, la somme des bases est quadruple de la hauteur : trouver les dimensions de ce trapèze, la différence des bases étant de 4 décamètres ?

125. Un triangle a 7 décamètres de base et 185 décimètres de hauteur ; indiquer 1° la surface du parallélogramme de même base et de même hauteur que ce triangle ; 2° la hauteur du trapèze équivalent au triangle, et dont les bases seraient 35 mètres et 17 mètres ; 3° le côté du carré et le rayon du cercle équivalents au même triangle donné ; 4° la hauteur d'un 2° triangle équivalent au 1°, et dont la base serait de 48 mètres ; 5° la base d'un rectangle équivalent au triangle donné, et dont la hauteur serait de 685 décimètres ; 6° la 2° diagonale d'un losange équivalent au triangle, et dont l'autre serait de 78 mètres ; 7° le rayon du petit cercle d'une couronne équivalente, le rayon du grand cercle étant de 20 mètres ?

Volumes

Notions préliminaires

191. On appelle *corps* ou *solide* tout ce qui a généralement trois dimensions, longueur, largeur et hauteur ou profondeur.

192. *Mesurer un corps*, c'est trouver son volume ou combien de fois il contient l'unité de volume employée.

193. L'unité de volume varie selon les dimensions des corps ; elle peut être ou le mètre cube, ou le décim. cube, ou le centim. cube.

Nota. Il faut se rappeler que l'unité de volume doit être

(*) Dans la figure de l'exemple donné, on a
côté^2 ou $c^2 = r^2 + r^2$ .. le triangle AOB est rectangle, C est l'hypoténuse
ou $c^2 = 2r^2$
d'où $\frac{c^2}{r^2} = 2$
et $\frac{c}{r} = \sqrt{2}$

42.

la même dans les dimensions. Si elle diffère dans la donnée du problème, on doit la ramener à la même unité.

194. Nous indiquerons pour chaque solide la règle à suivre pour trouver son volume ; mais, en général, pour trouver le volume d'un solide, on multiplie la surface de sa base par sa hauteur ou par le tiers de sa hauteur, si le corps est terminé en pointe.

195. La surface de la base d'un solide est facile à déterminer, puisqu'elle est représentée ou par un triangle, ou par un quadrilatère, ou par un cercle, ou par un polygone quelconque.

196. Dans tout solide, il faut distinguer les bases et les faces.

197. Les faces seules forment la surface latérale du solide.

198. On appelle arête la ligne formée par deux faces adjacentes d'un solide.

Hauteur d'un solide à bases parallèles.

199. Si les arêtes latérales d'un solide à bases parallèles sont perpendiculaires aux bases, la hauteur du solide est égale à celle d'une arête. (Voir, prisme, fig a.)

200. Si les arêtes latérales d'un solide à bases parallèles ne sont pas perpendiculaires aux bases, la hauteur du solide est plus petite qu'une arête latérale ; elle est égale à la perpendiculaire abaissée d'un des points de la base supérieure sur la base inférieure ou sur son prolongement. (Voir, cône tronqué, prisme oblique.)

201. Les principaux corps ou solides sont : le cube, le prisme, le cylindre, la pyramide, le cône, la sphère.

Cube.

202. Un cube est un solide terminé par six carrés égaux.

Volume d'un Cube.

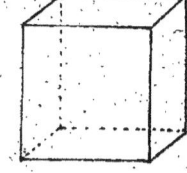

203. On trouve le volume d'un cube en élevant le côté de ce cube à la troisième puissance.

On sait que :

Volume du cube = longueur × largeur × hauteur.

ou ..... Volume du cube = longueur³ (puisque longueur = largeur = hauteur)

204. Représentant : par V, le volume du cube ;
            par a, le côté,

on a .... $V = a^3$

205. Trouvons le côté d'un cube dont on connaît le volume.

De la formule $V = a^3$
on tire .... $\sqrt[3]{V} = a$, c'est-à-dire que le côté du cube est égal à la racine cubique de son volume.

Surface latérale d'un cube.

206. La surface latérale d'un cube est égale à quatre fois la surface d'une de ses faces, ou à quatre fois le carré de son côté.

Surface latérale du cube = $4a²$

Prisme.

207. Un prisme est un solide dont les bases sont deux polygones égaux et parallèles, et les faces latérales, des rectangles ou des parallélogrammes.

208. Un prisme est droit quand ses arêtes latérales sont perp.res aux bases (fig. a)

209. Un prisme est oblique quand ses arêtes latérales ne sont pas perpendiculaires aux bases. (fig. b)

210. Hauteur du prisme .. Voir N.os 199 et 200.

211. Un prisme est triangulaire, quadrangulaire, pentagonal... selon que ses bases sont ou des triangles, des quadrilatères, des pentagones...

212. Un prisme est régulier, quand il est droit et que ses bases sont des polygones réguliers.

213. Un prisme est irrégulier, quand ses bases sont des polygones irréguliers.

Volume d'un prisme.

214. On trouve le volume d'un prisme en multipliant la surface de sa base par sa hauteur.

215. Représentant par b, la base d'un prisme ;
   par h, la hauteur ;
   par V, son volume.
On a . . . . $V = b \times h$

216. Trouvons la hauteur d'un prisme, connaissant son volume et sa base.
   De la formule $V = b \times h$
on tire . . . . $\dfrac{V}{b} = h$

Surface latérale d'un prisme droit.

217. La surface latérale d'un prisme droit est égale au périmètre de sa base, multiplié par la hauteur du prisme.

Cylindre ou Rouleau.

218. Le cylindre est un solide formé par la révolution d'un rectangle tournant autour d'un de ses côtés.

219. Le côté autour duquel tourne le rectangle est appelé axe ou hauteur du cylindre.

220. Les bases d'un cylindre sont deux cercles égaux, perpendiculaires à l'axe, et dont les rayons sont les côtés du rectangle adjacents à l'axe.

Volume d'un cylindre.

221. On trouve le volume d'un cylindre en multipliant la surface de sa base par sa hauteur.

222. Représentant par b, la base d'un cylindre ;
   par h, la hauteur ;
   par V, son volume.
On a . . . . $V = b \times h$
   La base étant un cercle dont la surface est πR^2, on peut remplacer b par πR^2 et écrire :
   $V = \pi R^2 \times h$

223. Trouvons la hauteur d'un cylindre, connaissant

son volume et la surface de sa base.

De la formule . . . . . $V = b \times h$

on tire . . . . . $\frac{V}{b} = h$

224. Trouvons le rayon d'un cylindre, connaissant le volume et la hauteur du cylindre.

De la formule . . . . . $V = \pi R^2 \times h$

on tire . . . . . $\frac{V}{h} = \pi R^2$

et . . . . . $\frac{V}{h\pi} = R^2$

et . . . . . $\sqrt{\frac{V}{h\pi}} = R$

Application

225. Trouver le diamètre et la hauteur du litre en étain.

Le diamètre est égal à . . . . . $2R$.
La hauteur est double du diamètre ; elle vaut 2 fois $2R$ ou $4R$.

Partant de la formule $\pi R^2 h$ et remplaçant h par sa valeur $4R$, nous avons :

$$V = \pi R^2 \times 4R$$
$$V = 4\pi R^3$$
$$\frac{V}{4\pi} = R^3$$
$$\sqrt[3]{\frac{V}{4\pi}} = R$$

Le volume du litre étant 1 décimètre cube,

$$\sqrt[3]{\frac{1}{4 \times 3{,}14}} = R$$

En effectuant les calculs . . . $R = 0^{\text{décim}},43$ ou 43 millimètres.
Le diamètre ou $2R = 2$ fois $0^{\text{dm}},43 = 0^{\text{dm}},86$ ou 86
La hauteur ou $4R = 4$ fois $0^{\text{dm}},43 = 1^{\text{dm}},72$ ou 172

Surface latérale du cylindre.

226. La surface latérale d'un cylindre est égale à la circonférence de sa base multipliée par la hauteur du cylindre.

surface latérale d'un cylindre = $2\pi R h$

Pyramide

227. Une pyramide est un solide dont les faces sont des triangles qui partent tous d'un même point appelé *sommet* de la pyramide, et se terminent aux côtés de la base.

228. La *hauteur* d'une pyramide est la perpendiculaire abaissée de son sommet sur sa base ou sur son prolongement.

229. Une pyramide est *droite*, si sa hauteur est la ligne qui joint son sommet au centre de sa base.

230. Une pyramide est *oblique*, si sa hauteur n'est pas la ligne qui joint son sommet au centre de sa base.

231. Une pyramide est *régulière*, si elle est droite et si sa base est un polygone régulier.

232. Une pyramide est *irrégulière*, si sa base est un polygone irrégulier.

233. Une pyramide est triangulaire, quadrangulaire, polygonale selon que sa base est un triangle, un quadrilatère, un polygone.

Volume d'une pyramide.

234. On trouve le volume d'une pyramide, en multipliant la surface de sa base par le tiers de sa hauteur.

235. Représentant par b, la base d'une pyramide;
par h, la hauteur;
par V, son volume,
on a : $\quad V = b \times \dfrac{h}{3}$.

236. Trouvons la hauteur d'une pyramide connaissant son volume et la surface de sa base.
De la formule $\quad V = b \times \dfrac{h}{3}$
on tire $\quad 3V = b \times h$
et $\quad \dfrac{3V}{b} = h$.

Surface latérale d'une pyramide régulière.

237. La surface latérale d'une pyramide régulière est égale au périmètre de sa base, multiplié par la moitié de la hauteur du triangle d'une de ses faces latérales.

Pyramide tronquée ou Tronc de pyramide.

238. Le tronc de pyramide est ce qui reste d'une pyramide quand on en a retranché la partie supérieure par un plan parallèle à la base.

Volume du Tronc de pyramide.

239. Aux surfaces des bases, on ajoute la racine carrée du produit de ces mêmes bases, et l'on multiplie le total obtenu par le tiers de la hauteur de la pyramide tronquée.

240. Représentant par B, la base inf^{re} de la pyramide tronquée, par b, la base sup^{re}; par h, sa hauteur; par V, son volume,

on a :
$$V = (B + b + \sqrt{Bb}) \times \frac{h}{3}$$

Surface latérale du Tronc de pyramide régulière.

241. La surface latérale du tronc de pyramide régulière est égale à la demi-somme des périmètres des bases, multipliée par la hauteur du trapèze d'une des faces.

Cône droit.

242. Le cône droit est un solide engendré par la révolution d'un triangle rectangle tournant autour d'un des côtés de l'angle droit.

243. La hauteur du cône droit est la ligne qui unit le sommet au centre de la base.

Volume du Cône droit.

244. On trouve le volume du cône droit, en multipliant la surface de sa base par le tiers de sa hauteur.

48

245. Représentant par b, la base du cône ;
             par h, la hauteur ;
             par V, son volume ;
on a $\quad V = b \times \dfrac{h}{3}$

246. Nota. La base du cône étant un cercle, on peut remplacer b par πR^2.
on a : $\quad V = \pi R^2 \times \dfrac{h}{3}$

247. Trouver le rayon de la base d'un cône, connaissant le volume et la hauteur de ce cône.
De la formule $\quad V = \pi R^2 \times \dfrac{h}{3}$
on tire $\quad 3V = \pi R^2 \times h$
$\dfrac{3V}{\pi} = R^2 \times h$
$\dfrac{3V}{\pi h} = R^2$
$\sqrt{\dfrac{3V}{\pi h}} = R$

Surface latérale d'un cône droit.

248. La surface latérale d'un cône droit est égale à la circonférence de sa base multipliée par la moitié de son côté ou de la ligne qui unit le sommet à l'un des points de la circonférence.

Cône tronqué ou Tronc de Cône.

249. Un cône tronqué est ce qui reste d'un cône droit dont on a enlevé la partie supérieure, après avoir coupé le cône par un plan parallèle à la base.
250. Les bases d'un cône tronqué sont deux cercles parallèles.
251. La hauteur d'un cône tronqué est la perpendiculaire comprise entre les deux bases.

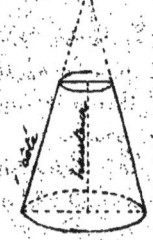

Volume d'un cône tronqué.

252. Aux carrés des rayons des bases, on ajoute le produit de ces mêmes rayons, et l'on multiplie le total obtenu par 3,142 et le résultat par le tiers de la hauteur du tronc de cône.

49.

253. Représentant par R, le rayon de la base inf^{re} du tronc de cône,
par r, le rayon de la base sup^{re};
par h, la hauteur;
par V, son volume;

on a $V = \pi(R^2 + r^2 + Rr)\frac{h}{3}$.

Surface latérale d'un cône tronqué.

254. La surface latérale d'un cône tronqué est égale à son côté multiplié par la demi-somme des circonférences des bases.

Sphère.

255. Une sphère est un solide produit par une demi-circonférence tournant autour de son diamètre.

Ou bien : Une sphère est un corps parfaitement rond et dont tous les points de la surface sont également distants d'un point intérieur appelé centre de la sphère.

256. Le rayon de la sphère est la ligne droite qui part du centre et se termine à la surface de la sphère.

257. Le diamètre ou axe de la sphère est la ligne droite qui passe par le centre de la sphère et se termine à la surface.

258. On appelle grand cercle, dans une sphère, le cercle que présente toute section passant par le centre de la sphère, et divisant la sphère en deux parties égales.

259. On appelle petit cercle, dans une sphère, le cercle que présente toute section ne passant point par le centre de la sphère, et divisant la sphère en deux parties inégales.

Volume de la Sphère.

260. On trouve le volume d'une sphère en divisant par 3 le produit de 3,142 par 4 fois le cube du rayon.

261. Représentant par R, le rayon de la sphère;
par π, 3,142;
par V, son volume.

on a : $V = \frac{4\pi R^3}{3}$ ou $V = \frac{4}{3}\pi R^3$

262. Trouvons le rayon d'une sphère, connaissant son volume.

De la formule $\ldots\ldots\ldots V = \frac{4}{3}\pi R^3$

on tire $\ldots\ldots\ldots\ldots\ldots\ldots 4\pi R^3 = 3V$

$$R^3 = \frac{3V}{4\pi}$$

$$R = \sqrt[3]{\frac{3V}{4\pi}}$$

Surface de la Sphère.

263. La surface d'une sphère est égale à 3,142 multiplié par quatre fois le carré du rayon ou à quatre fois la surface d'un grand cercle.

surface d'un grand cercle $= \pi R^2$.
surface de la sphère $= 4\pi R^2$.

264. **Remarque.** Connaissant la surface d'une sphère, on peut trouver son volume en multipliant la surface par le tiers du rayon.

On peut donc écrire :

Volume d'une sphère = Surface de la sphère $\times \frac{R}{3}$

Cette formule est égale à celle que nous avons donnée au N° 261.

En effet :

$V = 4\pi R^2 \times \frac{R}{3}$

$V = \frac{4\pi R^3}{3}$

$V = \frac{4}{3}\pi R^3$

Volume d'un corps ayant pour base une couronne. (Le mur d'un puits, par exemple.)

265. On trouve le volume de ce mur en multipliant la base (surface de la couronne) par la hauteur du corps.

Volume d'un tonneau.

266. Dans un tonneau, il faut distinguer
1° la bonde ou ouverture par laquelle on emplit le tonneau ;
2° le bouge ou le renflement du tonneau ;
3° les fonds ou extrémités du tonneau.

267. Les mesures nécessaires pour trouver le volume d'un tonneau, doivent être toutes intérieures ; ce sont : la longueur du tonneau,

le diamètre du bouge et celui des fonds.

268. **Première méthode.** Pour trouver le volume d'un tonneau, on multiplie 0,262 par la longueur intérieure et le produit par la somme obtenue en ajoutant le carré du diamètre des fonds à deux fois le carré du diamètre du bouge.

269. **Deuxième méthode.** On retranche du diamètre du bouge le tiers de la différence provenant entre le diamètre du bouge et celui des fonds. Le diamètre du bouge réduit est celui d'un cylindre dont la longueur est celle du tonneau.

Cubage d'une pièce de bois et d'un arbre.

270. Une pièce de bois est équarrie ou ronde. Équarrie, elle représente une pyramide tronquée ; ronde, elle représente un cône tronqué.
Dans les deux cas, le volume de la pièce est égal à sa longueur multipliée par la surface qu'elle donnerait, sciée au milieu.
Alors on réduit le calcul à celui d'un prisme droit ou à celui d'un cylindre.

271. On trouve le cubage d'un arbre comme celui d'une pièce de bois : on a soin d'enlever l'écorce où l'on doit prendre la mesure moyenne.

Volume d'un corps irrégulier.

272. Pour trouver le volume d'un corps irrégulier, on peut le plonger dans une quantité d'eau déterminée et dont on connaît le volume ou le poids.

273. Supposons un vase plein d'eau et dont le volume est connu. Plongeons le corps irrégulier dans ce vase ; il sort un volume d'eau égal au volume du corps. Retirons le corps. La différence entre le volume d'eau primitif et celui qui reste, indique le volume du corps.

274. On peut aussi peser le vase plein d'eau, puis le vase avec ce qu'il reste d'eau, après qu'on y a plongé et retiré le corps.
La différence entre ces poids indique le poids de l'eau déplacée, poids qu'il est facile de convertir en volume, puisqu'un kilogramme est le poids d'un décimètre cube d'eau.

Problèmes sur les Volumes

Nota. Les problèmes sur les volumes, contenus dans notre arithmétique et ceux qui suivent peuvent, comme exercices sur les équations, être résolus par les formules que nous avons données.

126. Quel est le volume d'un cube de 4ᵐ,75 de côté ?

127. Une boîte cubique a 25 centimètres de côté : quel est son volume et sa capacité ?

128. Une caisse cubique a un volume égal à 1635 décim. cubes 25 centimètres cubes : quel est son côté ?

129. Quel est la surface latérale d'un cube de 35 décim. de côté ?

130. Quel est le côté d'un cube dont la surface latérale est de 4 mètres carrés 15 centim. carrés ?

131. Un prisme triangulaire a les dimensions suivantes : hauteur du prisme, 85 centimètres ; base, longueur 2 mètres, largeur 15 décimètres ; indiquer le volume ?

132. Le côté de la base d'un prisme quadrangulaire a 52 décimètres ; la hauteur du prisme a deux mètres 45 centim ; indiquer son volume ?

133. Quelle est la base d'un prisme dont le volume est 14 décimètres cubes, et la hauteur 45 centimètres ?

134. Quelle est la surface latérale d'un prisme droit à base hexagonale, la hauteur du prisme étant de 45 centimètres et le côté de l'hexagone 238 millimètres ?

135. Le volume d'un prisme quadrangulaire est de 6 mèt. cubes 75 centièmes. Indiquer les dimensions de ce prisme, la hauteur étant double du côté de la base ?

136. Indiquer la surface latérale du prisme du problème précédent ?

137. Quel est le volume d'un cylindre dont le rayon de la base est de 82 décimètres, et la hauteur du cylindre 13 mètres 4 centimètres ? On indiquera aussi les dimensions du cube de même volume que ce cylindre ?

138. La hauteur d'un cylindre est triple du diamètre de sa base ; trouver son volume en décimètres cubes, le rayon de la base étant de 12 centimètres ?

139. Le volume d'un cylindre est de 475 décimètres cubes : trouver, à un millimètre près, sa hauteur et le diamètre de sa base, le diamètre étant le tiers de la hauteur ?

140. Le côté de la base d'un cube est de 45 centimètres : trouver la hauteur du prisme de même volume, et dont la base serait 38 décim.cᵃʳ

141. Trouver le diamètre de la base et la hauteur intérieure 1° du litre en étain ; 2° du double-litre en bois ; 3° du demi-hectolitre ?

142. Le rayon de la base d'un rouleau est de 42 centimètres ; sa hauteur est de 35 décimètres : quelle est la surface latérale de ce rouleau ?

143. Une pyramide triangulaire a 28 décimètres de hauteur ; les dimensions de sa base sont 15 décimètres et 98 centimètres ; indiquer son volume ?

144. Le volume d'une pyramide est de 4 mètres cubes 25 décimètres cubes ; la surface de sa base est de 3 mètres carrés 53 décim. carrés, trouver sa hauteur ?

145. Une pyramide régulière à base hexagonale a 3 mètres de hauteur ; le côté de l'hexagone et l'apothème ont 25 décim. et 235 centimètres : trouver son volume ?

146. Une pyramide régulière à base octogonale a 5 mètres 25 centimètres de hauteur ; l'apothème de l'octogone ayant 23 décimètres ; indiquer la hauteur d'un triangle d'une des faces de la pyramide ?

147. Le côté de la base d'une pyramide régulière et pentagonale est de 59 centimètres. La hauteur du triangle d'une des faces est de 28 décimètres : indiquer la surface latérale de cette pyramide ?

148. Trouver la hauteur d'un prisme dont la surface latérale est 13 mètres carrés, le périmètre de la base étant de 4 mètres 25 ?

149. Trouver le volume d'une pyramide tronquée dont les bases ont 4 mèt. carrés 25 centim. carrés et 6 mèt. carrés 35 décim. carrés ; la hauteur du tronc de cône étant de 4 mètres ?

150. Quel est le volume d'un pain de sucre de 65 centimètres de hauteur, le rayon de la base étant de 25 centimètres ?

151. Déterminer la hauteur d'un pain de sucre dont le volume est de 8 décim. cubes et le rayon de la base 24 centimètres ?

152. Déterminer le rayon de la base d'un pain de sucre dont la hauteur est 58 centimètres et le volume 7 décim. cubes 25 centim. cubes ?

153. Quelle est la surface latérale d'un cône droit, le rayon de la base étant de 12 centimètres et le côté du cône, 45 centimètres ?

154. Trouver le volume d'un cône tronqué, les rayons des bases étant 3 mèt. et 2^m.4, et la hauteur 2 mèt 42 centim. ?

155. Les rayons des bases d'un tronc de cône ont 24 centimètres

et 38 centimètres ; la hauteur du cône tronqué étant 485 millimètres, déterminer, en centim. cubes, le volume du tronc de cône ?

156. Un tronc de cône a pour rayons 45 centimètres et 8 décim; la longueur de son côté est 38 centimètres : indiquer sa surface latérale ?

157. Quel est le volume d'une sphère de 15 millim. de rayon ?

158. Une sphère a 38 centim. de diamètre, indiquer son volume ?

159. Le volume d'une sphère est de 2 décim. cubes 72 centim. cubes : trouver son diamètre ?

160. Quelle surface offre une sphère de 135 millimètres de rayon ?

161. En supposant la terre parfaitement sphérique, déterminer son rayon ?

162. La surface d'une sphère est de 91 centim. carrés 412 ; le rayon de la sphère étant de 15 centimètres, trouver son volume ?

(*)

163. Un triangle a pour surface 1328 mètres carrés 12 décim. carrés. Trouver les dimensions de ce triangle, la base et la hauteur étant entre elles comme 3 et 8.

Explication. Doublant la surface du triangle (1328,12 × 2 = 2656,24), on a celle d'un rectangle de même base et de même hauteur que ce triangle. L'énoncé du problème donne :

$$\frac{base}{hauteur} = \frac{3}{8}$$

d'où . . . . $base = \frac{3}{8}$ de hauteur.

Représentant la hauteur par x, on a . . . . $base = \frac{3x}{8}$.

Surface du rectangle ou $\frac{3x}{8} \times x = 2656,24$

ou $\quad 3x^2 = 2656,24 \times 8$

$\quad x^2 = \frac{2656,24 \times 8}{3}$

$\quad x = \sqrt{\frac{2656,24 \times 8}{3}}$

La hauteur étant connue, il est facile de déterminer la base.

164. La surface d'un triangle est égale à 12 ares 30 centiares ; trouver ses dimensions, la hauteur étant à la base comme 10 est à 7 ?

165. Deux triangles sont entre eux comme 15 est à 12 ; déterminer 1° la surface du 2e triangle, celle du 1er étant de 1 hectare 9 ares 5 centiares; 2° les dimensions de chacun d'eux, chaque base étant à la hauteur comme 6 est à 8 ?

166. Un parallélogramme a une surface de 2000 mèt. carrés, sa base est à sa hauteur comme 20 est à 9 ; déterminer ses dimensions ?

---

* Les problèmes 163, 164, 165, 166, sont une application des rapports et des proportions : voyez pages 65, 66.

Arpentage.

275. L'arpentage a pour but de mesurer les terrains et d'en faire connaître la surface.

276. Les principaux instruments dont se sert l'arpenteur, sont la chaîne, les jalons, les fiches, l'équerre.

277. Pour mesurer un terrain, il est nécessaire de savoir jalonner une ligne, d'élever et d'abaisser une perpendiculaire au moyen de l'équerre d'arpenteur.

Chaîne d'arpenteur.

278. La chaîne d'arpenteur, appelée aussi décamètre, se compose de cinquante chaînons de deux décimètres chacun. Les poignées font partie des chaînons extrêmes. Le milieu de la chaîne est indiqué par une petite fiche, les mètres par des anneaux de cuivre.

Jalons.

279. Les jalons sont des bâtons armés de pointes de fer; ils indiquent la direction de la ligne à mesurer.

Pendant l'opération, on les surmonte d'un morceau de papier blanc, afin de les mieux distinguer des autres corps.

Fiches.

280. Les fiches, au nombre de dix, sont de petites branches de fer, terminées par un œil et destinées à faire connaître, en décamètres, la longueur de la ligne à mesurer.

Équerre d'arpenteur.

281. L'équerre d'arpenteur est un instrument de forme octogonale ou cylindrique, présentant quatre fenêtres ou ouvertures principales. Ces fenêtres contiennent chacune un fil ou cheveu tendu qui correspond avec une fente, faisant suite à chaque fenêtre. Les fentes et les cheveux

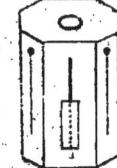

donnent la direction de deux droites se coupant à angles droits : de là, la facilité d'élever et d'abaisser des perpendiculaires avec cet instrument.

Quatre ouvertures plus petites, appelées pinnules, forment avec les premières un angle de 45°.

Jalonner une ligne.

282. Jalonner une ligne, c'est déterminer sa direction au moyen de jalons.

283. Pour jalonner une ligne, on plante un jalon à chaque extrémité de la ligne, puis des jalons intermédiaires, de manière à ce que tous, vus dans la direction de la ligne, n'en offrent qu'un seul.

Nota. L'arpenteur, un peu éloigné d'un des jalons extrêmes, fait signe avec sa main, de manière à guider la personne ou aide qui doit planter les jalons.

Mesurer une ligne jalonnée.

284. Mesurer une ligne, c'est en trouver la longueur.

285. Pour mesurer une ligne jalonnée, l'arpenteur est précédé d'un aide qui porte les fiches et qui en pique une à chaque décamètre.

L'arpenteur ramasse chaque fiche. Lorsqu'il a les dix fiches, il les passe à son aide et continue ainsi jusqu'à ce que la ligne soit mesurée.

Le nombre de fiches ramassées par l'arpenteur donne, en décamètres, la longueur de la ligne.

Si la ligne renferme en outre une fraction de décamètre, les divisions de la chaîne indiquent les mètres et décimètres à ajouter aux décamètres trouvés.

Nota. L'aide doit toujours, avant l'opération, remarquer un objet placé au-delà du jalon extrême et situé dans la direction des jalons, afin de ne point s'écarter de la ligne, lorsqu'il n'y aura plus qu'un jalon devant lui.

Élever une perp^{re} au moyen de l'équerre d'arpenteur.

286. Soit AB, la ligne donnée.
On plante deux jalons, un à chaque extrémité de la ligne.

On plante ensuite l'équerre sur la ligne de manière à ce que les jalons A et B se confondent avec une fente(*) et le cheveu de la fenêtre opposée. Il suffit alors de placer un ou deux ou plusieurs jalons dans la direction donnée par une autre fente et le cheveu opposé, pour avoir la perp⁻ᵉ demandée.

Abaisser du point O une perpendiculaire sur une ligne, au moyen de l'équerre d'arpenteur.

287. Soit AB, la ligne donnée et O, le point d'où il faut abaisser une perp⁻ᵉ.

On place l'équerre sur la ligne AB, de manière à ce que les jalons A et B se confondent avec une fente et le cheveu de la fenêtre opposée, puis le point O, avec une autre fente et le cheveu opposé. On changera l'équerre de place, jusqu'à ce que ces conditions soient remplies.

Faire avec l'équerre un triangle rectangle isocèle.

288. On sait, N° 111, que les angles aigus du triangle rectangle isocèle ont chacun 45°.

On fait 1° un angle droit sur le terrain ;

2° on place l'équerre sur un côté de cet angle, de manière à apercevoir, par une fente et le cheveu opposé, les jalons qui déterminent ce côté. La direction donnée par les deux pinnules qui permettent de voir l'autre côté de l'angle droit est l'hypoténuse du triangle rectangle isocèle cherché.

Il suffit alors de planter un jalon qui soit en même temps sur l'hypoténuse et sur le 2ᵉ côté de l'angle droit pour avoir un triangle rectangle isocèle.

Mesurer un champ.

289. Mesurer un champ, c'est trouver sa surface.

290. Avant de mesurer un champ, une pièce de terre quelconque, l'arpenteur doit faire le croquis de la pièce à mesurer.

On obtient un croquis approchant, en traçant sur le papier des lignes parallèles aux côtés de la pièce à mesurer. Alors on voit

---

(*) On doit toujours regarder par la fente.

quelle méthode l'on doit suivre pour arriver promptement au but.
(Voir, Surfaces et polygones irréguliers.)

Terrain en pente. — Projection (*)

291. Toute plante croît verticalement et non perpendiculairement à la pente d'un terrain. De là, pour mesurer un terrain incliné, il suffit de connaître sa projection horizontale.

292. Pour avoir la projection horizontale d'un terrain incliné, on pose une extrémité de la chaîne au point le plus élevé ; puis, selon l'inclinaison du terrain, on prend, avec la chaîne bien tendue, une longueur horizontale quelconque. A l'extrémité de cette longueur, on laisse tomber une pierre, ou un autre corps, qui donne le point où la chaîne doit être placée pour une nouvelle opération. On continue ainsi jusqu'à ce que le corps tombe au point B.

La somme des différentes longueurs horizontales ainsi trouvées donne la projection de la ligne inclinée.

Nota. La projection horizontale forme une dimension du terrain.

Plans.

293. Après avoir pris les mesures d'un terrain, il arrive qu'on en veuille le plan, c'est-à-dire un dessin représentant ce même terrain, exactement et en petit.

On a recours alors à l'échelle de proportion qui, d'après les mesures trouvées, permet de réduire toutes les lignes dans un même rapport. (Voyez ce mot, page 65.)

Echelle de proportion.

294. L'échelle de proportion dépend de l'étendue du terrain et de la feuille sur laquelle on désire faire le plan.

(*) On appelle projection d'une ligne oblique, la ligne horizontale comprise entre les pieds des perpendiculaires abaissées des extrémités de la ligne oblique donnée. ainsi ab est la projection de MN.

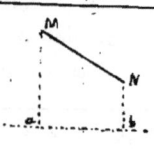

295. On peut prendre pour base de l'échelle, telle longueur que l'on veut,
  ou un millimètre pour un mètre sur le terrain ;
  ou deux millimètres pour un mètre " " " ;
  ou cinq millimètres pour un mètre " " " ;
  ou un centimètre pour un mètre " " " ;
  ou un millimètre pour dix mètres " " " .

Construction d'une échelle de proportion.

296. Prenons le cas d'une échelle de 5 millimètres pour un mètre.

|...| 1 2 3 4 5 6 7 8 9 10 11 12 13

On trace une ligne droite quelconque, sur laquelle on porte plusieurs fois une longueur de cinq millimètres. Chaque division représentant un mètre, 10 divisions représentent 10 mètres. Comme on peut avoir des fractions de mètre à réduire, on trace, à gauche de la 1ère division, une longueur de cinq millimètres que l'on divise en 10 parties égales. Chaque partie donne un décimètre sur le terrain.

On peut donc prendre sur l'échelle une longueur de 6 mètres 4 décim. ou telle longueur que l'on voudra.

Plan d'un terrain.

297. Pour faire le plan d'une pièce de terre, il suffit de tracer sur une feuille de papier, et dans les mêmes conditions que sur le terrain, les différentes lignes du champ, réduites à l'échelle.

298. *Nota*. On obtient aussi le plan d'un terrain avec la planchette, la boussole et le graphomètre. Nous renvoyons les élèves à des traités plus étendus où ils pourront puiser ces connaissances. Dans ces notions, nous avons tenu à n'opérer qu'à l'aide de l'équerre et de la chaîne.

Division
des Triangles, des Rectangles et des Trapèzes.
Notions préliminaires.

299. On appelle *figures équivalentes*, des figures qui ont même surface.

300. Un rectangle et un parallélogramme sont équivalents

quand ils ont mêmes bases et mêmes hauteurs. Le rectangle ABCD et le parallélogramme BEFC sont équivalents.

301. Deux triangles sont équivalents s'ils ont mêmes bases et mêmes hauteurs.

302. Les sommets des triangles équivalents, ayant tous même base, sont situés sur une parallèle à la base et passant par le sommet d'un des triangles.

Les triangles ABC, DBC, MBC sont équivalents, les sommets A, D, M, étant situés sur une droite XX' parallèle à la base BC.

303. Deux triangles de mêmes hauteurs sont entre eux comme leurs bases.
304. Deux triangles de mêmes bases sont entre eux comme leurs hauteurs.
305. Deux rectangles de mêmes hauteurs sont entre eux comme leurs bases.
306. Deux rectangles de mêmes bases sont entre eux comme leurs hauteurs.

307. *Diviser le triangle* ABC *en trois parties équivalentes* (ayant même hauteur).

On divise la base BC en trois parties égales. On unit les points de division au sommet. On a ainsi trois triangles équivalents, parce qu'ils ont même hauteur et tous des bases égales.

Nota. En divisant la base en autant de parties égales que l'indique le nombre donné, et unissant les points de division au sommet, on obtient un résultat qui répond à la question.

308. *Diviser le triangle* MNO *en deux parties équivalentes.*

Je divise la hauteur MR en deux parties égales ; j'unis DN, DO. Le triangle total MNO et le triangle NDO, ayant même base sont entre eux comme leurs hauteurs 1 et ½. Le triangle NDO est la moitié du triangle MNO. Le triangle NDO et l'autre partie NMOD sont donc équivalents.

309. *Diviser le rectangle* ABCD *en quatre parties équivalentes.*

On divise la base ou la hauteur en quatre parties égales ; par les points de division, on mène des parallèles à AD ou à AB. Dans les deux cas, on obtient quatre rectangles équivalents ; parce qu'ils ont même base et même hauteur.

310. Diviser un triangle ABC en deux parties qui soient entre elles comme 3 et 5.

Les deux parties, 3 et 5, réunies, donnent 8. Si le triangle total ABC était divisé en 8 parties équivalentes, il suffirait de prendre 3 de ces parties, puis 5.

On obtiendra ce résultat en divisant la base en 8 parties égales. On joindra la 3e division au sommet ; les deux parties ABD, ADC du triangle ABC répondent à la question.

Car les triangles ABD, ADC, ayant même hauteur, sont entre eux comme leurs bases 3 et 5.

311. Diviser un rectangle en 3 parties qui soient entre elles comme 3, 4 et 5.

$3 + 4 + 5 = 12$

Je divise la base en 12 parties égales. Par la 3e et la 7e division, j'élève des perp.res Les trois rectangles obtenus répondent à la question, parce qu'ayant même hauteur ils sont entre eux comme leurs bases 3, 4 et 5.

312. Diviser un trapèze en deux parties équivalentes.

Il suffit d'unir les points de division de chacune des bases partagées en deux parties égales ; les deux trapèzes obtenus sont équivalents ; ils ont mêmes bases et même hauteur.

313. Diviser un trapèze en deux parties qui soient entre elles comme 3 et 7.

$3 + 7 = 10$

Je divise chaque base en 10 parties égales. J'unis, du même côté, les troisièmes points de division des bases. Les deux trapèzes obtenus répondent à la question ; le trapèze total étant divisé en 10 trapèzes équivalents, le trapèze partiel ABOM en contient trois et l'autre sept.

314. Mener, d'un point O de BC, une droite qui divise le trapèze ABCD en deux parties équivalentes.

Soit x la ligne à prendre sur AD, la hauteur étant la même dans les trapèzes à trouver ; on doit avoir :

$$BO + x = \frac{BC + AD}{2}$$
$$x = \frac{BC + AD}{2} - BO.$$

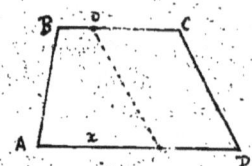

315. Mener d'un point o de BC une droite qui divise le trapèze ABCD en deux parties qui soient entre elles comme 3 et 7.

La hauteur étant la même dans les trapèzes à chercher, la somme des bases du plus petit doit être les $\frac{3}{10}$ de celle des bases du trapèze donné.

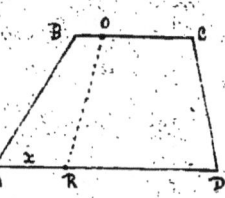

Soit x la longueur à prendre sur AD.
On a : $BO + x = \frac{3}{10}$ de $(BC + AD)$
d'où $x = \frac{3}{10}(BC + AD) - BO.$

Solution. Tracez une ligne égale à la somme des bases du trapèze donné ; divisez-la en 10 parties égales ; prenez trois de ces parties, dont vous retrancherez la ligne BO. Le reste donne la longueur de x que l'on porte de A sur AD. Soit AR. La ligne OR est la droite demandée ; et le trapèze ABOR est les $\frac{3}{10}$ du trapèze donné ; l'autre est égal aux $\frac{10}{10} - \frac{3}{10} = \frac{7}{10}$ du trapèze donné.

316. Diviser le triangle ABC en deux parties équivalentes par une parallèle à la base.

Sur AB, comme diamètre, je décris une demi-circonférence.

Du point o, milieu de AB, j'élève une perpendiculaire jusqu'à la rencontre de la demi-circonférence, soit OM.

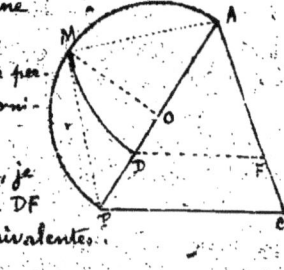

Je prends AD = AM ; par le point D, je mène DF parallèle à BC : cette ligne DF divise le triangle en deux parties équivalentes.

Démonstration. (*) Dans le triangle rectangle BMA, BM = MA
ou $\overline{BA}^2 = \overline{BM}^2 + \overline{MA}^2$
ou $\overline{BA}^2 = 2\overline{MA}^2$
ou $\frac{\overline{BA}^2}{\overline{MA}^2} = \frac{2}{1}$

Les triangles semblables ABC et ADF donnent aussi, AD étant égal à AM
$\frac{tr. ABC}{tr. ADF} = \frac{\overline{BA}^2}{\overline{AD}^2}$ et à cause du rapport commun $\frac{\overline{BA}^2}{\overline{MA}^2} = \frac{\overline{BA}^2}{\overline{AD}^2}$
$\frac{tr. ABC}{tr. ADF} = \frac{2}{1}$, c'est-à-dire que le triangle ADF est moitié de ABC.

(*) Cette démonstration est pour les élèves qui possèdent quelques notions de géométrie.

Mesure
des Hauteurs et des Distances inaccessibles

317. Mesure des hauteurs.

1° au moyen de l'ombre

On place un bâton, d'un mètre, par exemple, dans une position parallèle à celle du corps dont on veut connaître la hauteur. On mesure l'ombre projetée par ce corps et celle que projette le bâton. Le quotient du premier membre par le second donne la hauteur cherchée.

Application. Quelle est la hauteur d'un arbre qui projette 10 mètres d'ombre quand, au moment même et placé dans les mêmes conditions, un bâton d'un mètre donne 85 centimètres d'ombre.

Nous pouvons écrire :

à 1^m . . . correspond . . . 0^m85 d'ombre
à x^m . . . . 10^m2

$$x = \frac{10,2}{0,85} = 12 \text{ mètres, hauteur de l'arbre}$$

2° au moyen de l'équerre isocèle (*)

On fixe l'équerre isocèle au bout d'un bâton qu'on a soin, pendant l'opération, de placer toujours perpendiculairement. On change, s'il est besoin, le bâton de place jusqu'à ce que le sommet du corps dont on veut connaître la hauteur, soit dans le prolongement de l'hypoténuse.

Alors la distance du pied du bâton au pied du corps, augmentée de la hauteur du bâton, est la hauteur cherchée.

Distances inaccessibles

318. Trouver la distance des points A et B, séparés par une rivière.

1° au moyen d'un triangle isocèle.

Au point B, on place l'équerre de manière à faire l'angle droit ABC.

(*) Équerre dont les côtés de l'angle droit sont égaux.

On jalonne BC, et au point B, on remplace
l'équerre par un jalon. On place ensuite l'é-
querre sur la ligne BC, de manière à voir
1° les jalons B et C ; 2° le point A, sous un
angle de 45°.

Soit D le pied de l'équerre. Le triangle
rectangle ABD est isocèle, chaque angle aigu
étant égal à 45°. BD = BA, il suffit donc de mesurer BD pour avoir BA.

2° Au moyen de l'échelle de proportion.

On prend sur le terrain, une base quelconque BC, que l'on jalonne et que l'on mesure.
On détermine à chaque extrémité de la ligne
un petit triangle dont on mesure les trois côtés.
(Il est bon de prendre une longueur de 10 mètres sur
les côtés des angles B et C.) Ces petits triangles et
la base BC déterminent le point A.
Il est alors facile de connaître la distance BA
d'après l'échelle dont on se sert pour déterminer le triangle ABC sur le papier.

3° Au moyen des triangles semblables. (*)

Au point B, je fais l'angle droit ABD,
au point D, sur BD, j'élève la perp^{re} DE.
On jalonne EA, de manière à ce que le jalon
se trouve à l'intersection des lignes BD, AE.
Avec les lignes BC, CD, DE, on détermine BA.

on a : $\frac{CD}{DE} = \frac{BC}{BA}$ ou $\frac{45}{50} = \frac{75}{x}$;

$$x = \frac{45 \times 75}{50} = 67,5$$

Nota. On peut, sans le secours des proportions, connaître la distance AB par le raisonnement suivant :

Dans le triangle CDE, à 50^m (base) correspondent 45^m (hauteur) ;
dans le triangle ABC à 75^m .... x^m

$$x = \frac{45 \times 75}{50} = 67,5$$

319. Trouver la distance qui sépare deux points
inaccessibles, dont on est séparé par une rivière
ou un obstacle quelconque.

On prend une base CD que l'on mesure. Par un des

(*) Les élèves peuvent, à la rigueur, se contenter du Nota de ce 3°.

moyens précédents, on détermine le point A par le triangle CAD, puis le point B par le triangle CBD.

Portant ces mesures sur le papier au moyen d'une échelle de proportion, on obtient, par cette même échelle, la distance AB.

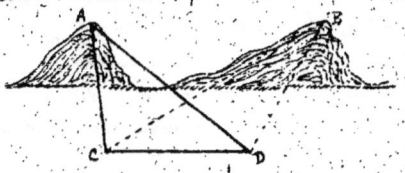

320. **Convertir une longueur d'une échelle de proportion en unités de longueur du terrain.**

Soit à trouver la véritable distance qui sépare deux points sur le terrain, quand, sur le papier et par une échelle de 3 millimètres pour un mètre, on les trouve distants de 387 millimètres?

Raisonnement.

À 3 millimètres de l'échelle correspond 1^m sur le terrain,
à 387   "   "   x^m

$$x = \frac{1 \times 387}{3} = 129 \text{ mètres}$$

Réponse : les deux points sont distants de 129 mètres.

Rapport. (*)

321. Un rapport est un quotient, une fraction.

322. Le rapport de deux nombres est le quotient de ces nombres écrit sous forme de fraction.

Ainsi le rapport de 3 à 8 est le quotient de 3 divisé par 8 ou la fraction $\frac{3}{8}$.

323. Dans un rapport, on distingue l'antécédent et le conséquent.

324. L'antécédent est le premier terme du rapport ; c'est aussi le numérateur d'une fraction.

325. Le conséquent est le deuxième terme du rapport ; c'est aussi le dénominateur d'une fraction.

326. Un rapport jouit des mêmes propriétés qu'un quotient ou qu'une fraction.

(*) Par ce mot rapport, nous ne désignons que le rapport par quotient. Il y a aussi le rapport par différence. Ainsi 7 - 4 = 3. 3 est le rapport par différence entre 7 et 4.

Proportion

327. Une proportion est la réunion par le signe égale (=) de deux rapports égaux.

Ainsi $\frac{3}{5} = \frac{6}{10}$ est une proportion.

328. Une proportion telle que la précédente s'énonce en disant :

le rapport de 3 à 5 est égal à celui de 6 à 10 ;

ou   3 divisé par 5   est égal à   6 divisé par 10 ;

ou encore 3 est à 5   comme   6 est à 10.

329. Une proportion se compose de quatre nombres appelés termes.

Le 1ᵉʳ terme d'une proportion est l'antécédent du 1ᵉʳ rapport ;

le 2ᵉ " " " " le conséquent " 1ᵉʳ " ;

le 3ᵉ " " " " l'antécédent " 2ᵉ rapport ;

le 4ᵉ " " " " le conséquent " 2ᵉ "

330. Le 1ᵉʳ et le 4ᵉ terme forment les extrêmes de la proportion ;

le 2ᵉ et le 3ᵉ terme forment les moyens de la proportion.

331. Dans toute proportion, le produit des extrêmes est égal au produit des moyens.

Ainsi, dans la proportion, $\frac{3}{5} = \frac{6}{10}$

on a . . . . $3 \times 10 = 5 \times 6$,

ou . . . . $30 = 30$

332. En intervertissant l'ordre des moyens d'une proportion, on en obtient une nouvelle.

Ainsi, en changeant de place les moyens de la proportion $\frac{4}{7} = \frac{12}{21}$,

on obtient une nouvelle proportion . . . . . . $\frac{4}{12} = \frac{7}{21}$,

car . . . . $4 \times 21 = 12 \times 7$;

ou . . . . $84 = 84$.

333. En changeant de place les extrêmes d'une proportion, on en obtient une nouvelle.

Ainsi, de la proportion $\frac{4}{10} = \frac{12}{30}$

on obtient cette autre . . . . $\frac{30}{10} = \frac{12}{4}$

334. En inversant les rapports d'une proportion, on en obtient une nouvelle.

Ainsi, de la proportion . . . $\frac{3}{4} = \frac{15}{20}$,

on obtient cette autre . . . . $\frac{4}{3} = \frac{20}{15}$.

335. Si, dans une proportion, un extrême est inconnu, on trouve la valeur de cet extrême en divisant le produit des moyens par l'extrême connu.

Dans la proportion $\frac{6}{8} = \frac{18}{x}$

$$x = \frac{8 \times 18}{6} = 24$$

67

336. Si, dans une proportion, un moyen est inconnu, on trouve la valeur de ce moyen, en divisant le produit des extrêmes par le moyen connu.

Dans la proportion ... $\frac{15}{3} = \frac{x}{6}$

$$x = \frac{15 \times 6}{3} = 30$$

337. Si, dans une proportion, les moyens sont inconnus, chaque moyen est égal à la racine carrée du produit des extrêmes.

Dans la proportion $\frac{4}{x} = \frac{x}{9}$

$$x = \sqrt{4 \times 9} = \sqrt{36} = 6$$

car ..... $x \times x = 4 \times 9$
ou $x^2 = 36$
ou $x = \sqrt{36}$
ou $x = 6$

Nota. Cette valeur des moyens égaux est dite moyenne proportionnelle.

Propriétés des Proportions.

338. Deux proportions ont un rapport commun, les deux autres rapports forment une proportion.

1ʳᵉ proportion $\frac{3}{4} = \frac{9}{12}$ } à cause du rapport commun $\frac{3}{4}$, on peut écrire $\frac{9}{12} = \frac{6}{8}$,
2ᵉ proportion $\frac{3}{4} = \frac{6}{8}$

car deux valeurs, égales chacune à une même troisième, sont égales entre elles.

339. Deux proportions ont mêmes antécédents, les conséquents forment une proportion.

1ʳᵉ proportion $\frac{4}{5} = \frac{12}{15}$ } les conséquents donnent $\frac{5}{7} = \frac{15}{21}$
2ᵉ proportion $\frac{4}{7} = \frac{12}{21}$

Changeant les moyens de place dans les deux proportions proposées,
on a ..... $\frac{4}{12} = \frac{5}{15}$
et ..... $\frac{4}{12} = \frac{7}{21}$

Ces deux proportions ayant le rapport $\frac{4}{12}$ commun, on peut écrire (N° 338):

$$\frac{5}{15} = \frac{7}{21}$$

et en changeant les moyens de place,

$\frac{5}{7} = \frac{15}{21}$, ce qu'il fallait trouver. C.Q.F.T.

340. Deux proportions ont mêmes conséquents, les antécédents forment une proportion.

1ʳᵉ proportion $\frac{4}{5} = \frac{12}{20}$ } les antécédents donnent $\frac{4}{2} = \frac{12}{6}$
2ᵉ proportion $\frac{2}{5} = \frac{6}{15}$

Changeant les moyens de place dans les deux proportions proposées,

On a
$$\frac{4}{12} = \frac{5}{15}$$
et
$$\frac{2}{6} = \frac{5}{15}$$
Ces deux proportions ayant le rapport $\frac{5}{15}$ commun, on peut écrire (N° 338)
$$\frac{4}{12} = \frac{2}{6}$$
et en changeant les moyens de place
$$\frac{4}{2} = \frac{12}{6}. \quad C. Q. F. E.$$

341. La somme des deux premiers termes de toute proportion est au second terme, comme la somme des deux derniers termes est au quatrième terme.

Ainsi la proportion $\frac{3}{4} = \frac{9}{12}$ doit donner $\frac{3+4}{4} = \frac{9+12}{12}$.

Une égalité ne change pas (N° 62) quand on ajoute un même nombre à ses deux membres. Ajoutons donc 1 à $\frac{3}{4}$ et à $\frac{9}{12}$. Nous avons :
$$\frac{3}{4} + 1 = \frac{9}{12} + 1$$

Cette unité, convertie en expression de même dénominateur que la fraction qu'elle accompagne, permet d'écrire :
$$\frac{3}{4} + \frac{4}{4} = \frac{9}{12} + \frac{12}{12}$$

Effectuant deux additions de fractions ayant même dénominateur, nous avons :
$$\frac{3+4}{4} = \frac{9+12}{12} \quad C. Q. F. E.$$

342. La somme des deux premiers termes de toute proportion est au premier terme, comme la somme des deux derniers termes est au troisième terme.

Ainsi, la proportion $\frac{3}{4} = \frac{9}{12}$ doit donner $\frac{3+4}{3} = \frac{9+12}{9}$.

Renversant les rapports de la proportion proposée, le 1er terme 3 devient le 2e et le 3e terme 9 devient le 4e ; on a :
$$\frac{4}{3} = \frac{12}{9}$$

Alors on sait, N° 341, que la somme des deux premiers termes de toute proportion est au 2e comme la somme des deux derniers est au 4e. On peut donc écrire :
$$\frac{4+3}{3} = \frac{12+9}{9}$$

et en changeant de place les parties de chaque somme,
$$\frac{3+4}{3} = \frac{9+12}{9} \quad C. Q. F. E.$$

343. La différence des deux premiers termes de toute proportion est au 2e terme, comme la différence des deux derniers termes est au quatrième.

Ainsi la proportion $\frac{5}{2} = \frac{15}{6}$ doit donner $\frac{5-2}{2} = \frac{15-6}{6}$.

Une égalité ne change pas, N° 62, quand on retranche un même nombre à ses deux membres. Retranchons donc 1 de $\frac{5}{2}$ et de $\frac{15}{6}$, nous avons :
$$\frac{5}{2} - 1 = \frac{15}{6} - 1$$

Cette unité, convertie en expression de même dénominateur que la

fraction qu'elle accompagne, permet d'écrire :
$$\frac{5}{2} - \frac{2}{2} = \frac{15}{6} - \frac{6}{6}$$
et en effectuant deux soustractions de fractions ayant chacune même dénominateur :
$$\frac{5-2}{2} = \frac{15-6}{6} \quad C.Q.F.D.$$

344. La différence des deux premiers termes de toute proportion est au premier terme, comme la différence des deux derniers termes est au troisième.

Ainsi, la proportion $\frac{5}{2} = \frac{15}{6}$ doit donner $\frac{5-2}{5} = \frac{15-6}{15}$

Renversons les rapports de la proportion donnée, nous avons :
$$\frac{2}{5} = \frac{6}{15}$$

De l'unité, retranchons chacun des rapports égaux $\frac{2}{5}$ et $\frac{6}{15}$, les restes seront égaux, et nous aurons :
$$1 - \frac{2}{5} = 1 - \frac{6}{15}$$

Cette unité, convertie en expression de même dénominateur que la fraction qui la suit, permet d'écrire :
$$\frac{5}{5} - \frac{2}{5} = \frac{15}{15} - \frac{6}{15}$$

Effectuant les soustractions, on a :
$$\frac{5-2}{5} = \frac{15-6}{15} \quad C.Q.F.D.$$

345. Dans toute proportion, la somme des antécédents est à la somme des conséquents, comme un antécédent est à son conséquent.

Ainsi, la proportion $\frac{3}{4} = \frac{6}{8}$ doit donner $\frac{3+6}{4+8} = \frac{6}{8}$

Changeant de place les moyens de la proportion proposée, on a :
$$\frac{3}{6} = \frac{4}{8}$$

Dans toute proportion, N° 341, la somme des deux premiers termes est au 2ᵉ terme, comme la somme des deux derniers termes est au 4ᵉ.

on a donc :
$$\frac{3+6}{6} = \frac{4+8}{8}$$

Changeant de place les moyens de cette dernière proportion, on a :
$$\frac{3+6}{4+8} = \frac{6}{8} \quad C.Q.F.D.$$

346. Dans toute proportion, la différence des antécédents est à la différence des conséquents, comme un antécédent est à son conséquent.

Ainsi, la proportion $\frac{12}{16} = \frac{3}{4}$ doit donner $\frac{12-3}{16-4} = \frac{3}{4}$

Changeant de place les moyens de la proportion donnée, on a :
$$\frac{12}{3} = \frac{16}{4}$$

Dans toute proportion, N° 343, la différence des deux premiers termes est au 2ᵉ comme la différence des deux derniers est au 4ᵉ ; on a :
$$\frac{12-3}{3} = \frac{16-4}{4}$$

Changeant de place les moyens de cette dernière proportion, on a :
$$\frac{12-3}{16-4} = \frac{3}{4} \quad C.Q.F.D.$$

347. Dans une suite de rapports égaux, la somme des antécédents est à la somme des conséquents, comme un antécédent est à son conséquent.

Les rapports égaux $\frac{3}{4} = \frac{6}{8} = \frac{12}{16} = \frac{24}{32}$ doivent donner $\frac{3+6+12+24}{4+8+16+32} = \frac{3}{4}$.

Opérons d'abord sur les deux premiers rapports, on a :
$$\frac{3}{4} = \frac{6}{8}, \text{ et, d'après le N° 345,}$$
$$\frac{3+6}{4+8} = \frac{6}{8}.$$

Remplaçant le rapport $\frac{6}{8}$ par son égal $\frac{12}{16}$, on a :
$$\frac{3+6}{4+8} = \frac{12}{16}.$$

D'après le N° 345, cette dernière proportion donne :
$$\frac{3+6+12}{4+8+16} = \frac{12}{16}.$$

Remplaçant le rapport $\frac{12}{16}$ par son égal $\frac{24}{32}$, on a :
$$\frac{3+6+12}{4+8+16} = \frac{24}{32}.$$

D'après le N° 345, cette dernière proportion donne :
$$\frac{3+6+12+24}{4+8+16+32} = \frac{24}{32}.$$

Remplaçant le rapport $\frac{24}{32}$ par son égal $\frac{3}{4}$, on a :
$$\frac{3+6+12+24}{4+8+16+32} = \frac{3}{4}. \quad C.Q.F.E.$$

348. Le produit de deux ou plusieurs proportions multipliées terme à terme, forme une proportion.

Ainsi, les proportions $\left.\begin{array}{l}\frac{3}{4} = \frac{6}{8} \\ \frac{2}{5} = \frac{10}{25}\end{array}\right\}$ doivent donner $\frac{3 \times 2}{4 \times 5} = \frac{6 \times 10}{8 \times 25}$.

Deux rapports ou fractions ne changent pas quand on les multiplie par un même nombre. Multipliant donc chaque rapport de la 1ère proportion par une même fraction $\frac{2}{5}$ ou $\frac{10}{25}$, on a :
$$\frac{3}{4} \times \frac{2}{5} = \frac{6}{8} \times \frac{10}{25}$$
ou
$$\frac{3 \times 2}{4 \times 5} = \frac{6 \times 10}{8 \times 25}. \quad C.Q.F.E.$$

349. Les termes d'une proportion élevés au carré, au cube, ou à une puissance quelconque, forment une proportion.

Ainsi la proportion $\frac{3}{4} = \frac{6}{8}$ doit donner $\frac{3^2}{4^2} = \frac{6^2}{8^2}$.

Faire le carré d'une fraction ou d'un rapport revient à multiplier chaque rapport par lui-même ; chaque terme est élevé ainsi au carré. Les rapports étant égaux, leurs produits donnent des résultats égaux.

Ainsi $\frac{3}{4} = \frac{6}{8}$;

en multipliant chaque rapport par lui-même, on a :
$$\frac{3}{4} \times \frac{3}{4} = \frac{6}{8} \times \frac{6}{8}$$
ou
$$\frac{3 \times 3}{4 \times 4} = \frac{6 \times 6}{8 \times 8}$$
ou
$$\frac{3^2}{4^2} = \frac{6^2}{8^2}. \quad C.Q.F.E.$$

Progressions.

350. On appelle progression une série de nombres qui, pris deux à deux et consécutivement, offrent un même rapport dans toute la série. Ce rapport est appelé raison.

351. On appelle raison d'une progression, le rapport de deux nombres consécutifs de cette progression.

352. Le rapport ou raison peut provenir
   1° ou de la différence entre deux termes consécutifs ;
   2° ou du quotient de deux termes consécutifs.
De là 1° le rapport par différence et progression par différence.
      2° le rapport par quotient et progression par quotient.

353. Pour indiquer une progression par différence, on place un point après chaque terme, et, avant le 1er, deux points séparés par une barre de fraction. Ainsi, $\div 3.5.7.9.11.13.15\ldots$ est une progression par différence, rapport ou raison $= 5-3 = 7-5 = 9-7 \ldots = $ différence 2.

354. Pour indiquer une progression par quotient, on place deux points après chaque terme, et, avant le 1er, quatre points séparés deux à deux par une barre de fraction.
Ainsi, $\div\div 2 : 6 : 18 : 54 : 162 : 486\ldots$ est une progression par quotient, rapport ou raison $= \frac{6}{2} = \frac{18}{6} = \frac{54}{18} = \frac{162}{54} = \ldots = $ quotient 3.

Progressions par différence

355. Une progression par différence est une série de nombres tels que chacun est égal au précédent augmenté ou diminué de la raison.

356. Une progression est croissante, si les termes vont en augmentant, une progression est décroissante, si les termes vont en diminuant (*).

357. Progression croissante ... $\div 6.11.16.21.26.31.36.41.46\ldots$
     Progression décroissante ... $\div 77.73.69.65.61.57.53.49.45\ldots$
Note. Cette dernière progression renversée donne la progression croissante
              $\div 45.49.53.57.61.65.69.73.77\ldots$

358. Nous désignerons par d, la raison d'une progression par différence ;
          par a, le 1er terme ;
          par l, le dernier terme ou un terme quelconque ;
          par n, le nombre de termes.

(*) Nous ne parlerons que des progressions croissantes ; une progression décroissante, renversée, étant ramenée à une progression croissante.

359. Un terme quelconque d'une progression par différence est égal au premier terme augmenté d'autant de fois la raison qu'il y a de termes moins un (*)

Soit ... $+ a . b . c . h . \ldots . l$ .... $l = a + (n-1)d$
En effet, b, deuxième terme .... $= a + d$
c, 3ᵉ terme $= b + d = (a+d) + d = a + 2d$
h, 4ᵉ terme $= c + d = (a+2d) + d = a + 3d$
l, dernier terme .... $= a + (n-1)d$

Application

360. Soit à chercher le 10ᵉ terme d'une progression par différence dont le 1ᵉʳ terme est 5 et la raison 4.

10ᵉ terme $\quad l = a + (n-1)d$
$\quad l = 5 + (10-1) \times 4$
$\quad l = 5 + 9 \times 4$
$\quad l = 5 + 36$
$\quad l = 41$

Réponse : 41 est le 10ᵉ terme de la progression par différence donnée.

361. Insérer trois moyens ou trois autres termes entre deux nombres consécutifs d'une progression par différence donnée.

Insérer trois moyens entre deux termes consécutifs d'une progression par différence revient à chercher, quand elle n'est pas donnée, la raison d'une nouvelle progression composée de cinq termes, et formée par les trois moyens à insérer et par les deux termes consécutifs donnés. Pour déterminer la raison inconnue d, on part de la formule suivante N° 359.

$\quad l = a + (n-1)d$
$\quad l - a = (n-1)d$
$\quad \dfrac{l-a}{n-1} = d$

Application

362. Insérer trois moyens entre les deux termes consécutifs 23 et 28 de la progression par différence
$\div 3 . 13 . 18 . 23 . 28 . 33 . 38$

La formule $\quad d = \dfrac{l-a}{n-1}$
donne $\quad d = \dfrac{28-23}{5-1}$
ou $\quad d = \dfrac{5}{4} \quad d = 1,25$

_____

(*) Les démonstrations que nous donnons peuvent être facilement comprises ; si, cependant, quelques élèves éprouvaient quelques difficultés, ils pourraient se contenter des énoncés et des applications.

Vérification

$$\div 23 . 24{,}25 . 25{,}50 . 26{,}75 . 28$$

363. La somme de deux termes pris à égale distance des termes extrêmes d'une progression par différence est égale à la somme des termes extrêmes.

Soit $\div a . b . c . e . h . i . k . l$

On a : . . . . $c+i = a+l$

En effet, c, 3ᵉ terme $= a + 2d$; $a \ldots \ldots = a$
i, 6ᵉ terme $= a + 5d$; l, 8ᵉ terme $= a + 7d$
Somme $c+i \ldots = 2a + 7d$; Somme $a+l \ldots = 2a + 7d$

Les sommes $c+i$ et $a+l$ étant l'une et l'autre égales à $2a+7d$, sont égales entre elles ; on peut écrire :

$$c+i = a+l . \quad C.Q.F.E.$$

Vérification

Soit $\div 8 . 13 . 18 . 23 . 28 . 33 . 38$

Somme des extrêmes . . . . $8 + 38 = 46$;
Termes à égale distance des extrêmes . . . $13 + 33 = 46$;
$18 + 28 = 46$;
$23 + 23 = 46$.

364. La somme des termes d'une progression par différence est égale à la demi-somme des extrêmes multipliée par le nombre de termes.

Soit $\div a . b . c . h \ldots \ldots l$

Somme des termes . . . . $= \frac{a+l}{2} \times n$;

Progression donnée . . . Somme ou $S = a + b + c + h \ldots + l$.
Progression renversée . . . Somme ou $S' = l + m + h + c + b + a$.

$$2S = (a+l) + (m+b) + (c+h) + (h+c) + (b+m) + (l+a).$$

D'après le N° 363, chacune de ces sommes est égale à $(a+l)$; leur nombre étant égal à celui des termes de la progression donnée, on a :

$$2S = (a+l)n$$

d'où . . . . $S = \frac{(a+l)n}{2}$ ou $S = \frac{a+l}{2} \times n$.

Application

365. Trouver la somme des nombres pairs de 2 à 200.

On a la progression $\div 2 . 4 . 6 . 8 . 10 . 12 . 14 . 16 \ldots 200$ dont la raison est 2 ; le nombre des termes est 100, car il y a 20 dizaines et 5 nombres pairs par dizaine.

D'après la formule . . . . . . $S = \frac{a+l}{2} \times n$

on a . . . . $S = \frac{2+200}{2} \times 100$

74

$$S = \frac{202}{2} \times 100$$
$$S = 101 \times 100$$
$$S = 10100$$

Réponse : 10100 est la somme des nombres pairs de 2 à 200.

Exercices et Problèmes sur les Progressions par différence.

167. Quel est le 12ᵉ terme d'une progression par différence dont le premier terme est 6 et la raison 5 ?

168. Quel est le 20ᵉ terme d'une progression par différence dont le premier terme est 18 et la raison 8 ?

169. Le 1ᵉʳ arbre d'une allée, est distant d'une rivière de 4 mètres. L'allée contenant 100 arbres, distants entre eux de 9 mèt. 5 décim., on demande à quelle distance de la rivière est le 100ᵉ arbre ?

170. Trouver la raison d'une progression par différence dont le 1ᵉʳ terme est 20 et le douzième 75 ?

171. Trouver la raison d'une progression par différence décroissante, le 1ᵉʳ terme étant 130 et le 16ᵉ 40 ?

172. Insérer cinq moyens entre deux termes consécutifs de la progression par différence suivante :
÷ 8 . 12 . 16 . 20 . 24 . 28 . 32 . . . . . .

173. Insérer quatre moyens entre deux termes consécutifs de la progression par différence suivante.
÷ 7 . 9 . 11 . 13 . 15 . 17 . 19 . . . . . .

174. Somme des termes de la progression par différence suivante :
÷ 9 . 19 . 29 . 39 . 49 . 59 . 69 . 79 . 89 . 99 .

175. Somme des termes de la progression par différence décroissante suivante :
÷ 98 . 88 . 78 . 68 . 58 . 48 . 38 . 28 . 18 . 8 .

176. Voici 80 arbres distants entre eux de 4 mètres, et le 1ᵉʳ de 10 mètres d'un ruisseau. En supposant un enfant placé au pied de chaque arbre et venant tous vers le ruisseau, en suivant la ligne des arbres, dire le chemin parcouru 1° par le 78ᵉ enfant pour venir au ruisseau ; 2° par le 40ᵉ enfant, 3° par les 80 enfants réunis ; 4° trouver aussi la distance que donnent, en somme, l'aller et le retour de tous ?

177. Un ouvrier doit porter 45 brouettées de terre à la file les unes des autres et distantes chacune de 2 mètres 25 centimètres. La 1ʳᵉ brouettée est déposée à 15 mètres du point de départ. Quel chemin aura parcouru cet ouvrier, revenu au point de départ, son travail étant terminé ?

178. Quelle est la somme des termes d'une progression par différence dont le 1ᵉʳ terme est 15, la raison 8, le nombre des termes 30 ?

179. Indiquer la somme des termes de la progression par différence décroissante dont le 1ᵉʳ terme est 530, le dernier 30 et le nombre de termes 51.

Progressions par quotient

366. Une progression par quotient est une suite de nombres tels que chacun d'eux est égal au précédent multiplié par la raison.

367. Dans une progression par quotient croissante, la raison est plus grande que l'unité. Dans une progression par quotient décroissante, la raison est plus petite que l'unité.

368. Nous désignerons par q, la raison d'une progression par quotient;
par a, le 1ᵉʳ terme;
par l, le dernier terme ou un terme quelconque;
par n, le nombre de termes.

369. Un terme quelconque d'une progression par quotient est égal au premier terme multiplié par la raison élevée à une puissance marquée par le nombre de termes moins un.

Soit ÷ $a : b : c : d : e : l$. $l = aq^{n-1}$
ou ÷ $a : aq : aq^2 : aq^3 : aq^4 : aq^{n-1}$

En effet, a, 1ᵉʳ terme $= a$
b, 2ᵉ " $= a \times q$ $= aq$
c, 3ᵉ " $= aq \times q$ $= aq^2$
d, 4ᵉ " $= aq^2 \times q$ $= aq^3$
e, 5ᵉ " $= aq^3 \times q$ $= aq^4$
l, dernier terme $=$ $= aq^{n-1}$

Application

370. Soit à chercher le 10ᵉ terme d'une progression par quotient dont le 1ᵉʳ terme est 5 et la raison 2.

÷ $5 : 5 \times 2 : 5 \times 2^2 : 5 \times 2^3 : 5 \times 2^4$

10ᵉ terme ou $l = aq^{n-1}$
$l = 5 \times 2^{10-1}$
$l = 5 \times 2^9$
$l = 5 \times 512$
$l = 2560$

Réponse : 2560 est le 10ᵉ terme de la progression donnée.

371. Insérer trois moyens ou trois autres termes

entre deux termes consécutifs d'une progression par quotient.

Insérer trois moyens entre deux termes consécutifs d'une progression par quotient, revient à chercher, quand elle n'est pas donnée, la raison d'une nouvelle progression composée de cinq termes et formée par les trois moyens à insérer et par les deux termes consécutifs donnés.

Pour déterminer la raison q, on part de la formule suivant: (369)

$$l = aq^{n-1}$$
$$\frac{l}{a} = q^{n-1}$$
$$\sqrt[n-1]{\frac{l}{a}} = q$$

Application

372. Insérer trois moyens entre les deux termes consécutifs 15 et 75 de la progression par quotient ...
$$\div 3 : 15 : 75 : 375 : 1875.$$

La formule .... $q = \sqrt[n-1]{\frac{l}{a}}$

donne .... $q = \sqrt[5]{\frac{75}{15}}$

$q = \sqrt[5]{5}$ ou $\sqrt{5}$

$q = 1,49...$

373. **Somme des termes d'une progression par quotient croissante.**

Soit $\div a : b : c : d : k : l$

Représentant chaque terme par le précédent multiplié par la raison, et faisant la somme, on a :
$$S = a + aq + bq + cq + dq + kq \quad \ldots (1)$$

Multipliant S et chaque terme de la progression donnée par la raison q et faisant la somme, on a :
$$Sq = aq + bq + cq + dq + kq + lq \quad \ldots (2)$$

Retranchant (1) de (2), et supprimant les parties communes, on a :

$Sq - S = lq - a$ $\{Sq - S = Sq - S \times 1 = S(q-1)$; car, retrancher
ou $S(q-1) = lq - a$ deux produits qui ont un facteur commun,
$S = \frac{lq-a}{q-1}$ revient à multiplier le facteur commun par la
                        différence des facteurs non communs.$\}$

Règle. Pour avoir la somme des termes d'une progression par quotient, on retranche le 1er terme du produit du dernier terme multiplié par la raison ; on divise le reste par la raison diminuée de un. Le quotient est la somme cherchée.

374. Cette règle, déduite de la formule précédente, exige la valeur du dernier terme l. Supposons alors le 1er terme a seul connu.

Dans la formule $S = \frac{lq-a}{q-1}$, remplaçons l par sa valeur aq^{n-1}, nous avons :
$$S = \frac{(aq^{n-1} \times q) - a}{q-1} = \frac{aq^n - a}{q-1} \; (*) = \frac{a(q^n-1)}{q-1}.$$

375. *Nota.* Si une progression décroissante est donnée, on renverse ses termes, dont on trouve la somme par une des formules des n°s 373 ou 374. Nous préférons ce moyen à de nouvelles formules.

1ʳᵉ Application.

376. Soit à chercher la somme des termes de la progression par quotient dont le 1ᵉʳ terme est 4, le dernier 62500 et la raison 5. Connaissant le dernier terme, je prends la formule
$$S = \frac{lq-a}{q-1}$$
$$S = \frac{62500 \times 5 - 4}{5-1} ;$$
$$S = \frac{312500 - 4}{4} = \frac{312496}{4} = 78124.$$

Réponse : 78124 est la somme des termes de la progression donnée.

2ᵉ Application.

377. Soit à chercher la somme des termes de la progression par quotient dont le 1ᵉʳ terme est 8, la raison 4, et le nombre de termes 6.
Connaissant le 1ᵉʳ terme seulement, je prends la formule
$$S = \frac{a(q^n-1)}{q-1}$$
$$S = \frac{8(4^6-1)}{4-1}$$
$$S = \frac{8(4096-1)}{3} = \frac{8 \times 4095}{3} = 10920.$$

Réponse : 10920 est la somme des termes de la progression donnée.

Exercices et Problèmes
sur les Progressions par quotient.

180. Quel est le 8ᵉ terme d'une progression par quotient dont le 1ᵉʳ terme est 15, et la raison 3 ?

181. Quel est le 10ᵉ terme d'une progression par quotient dont le 1ᵉʳ terme est 2 et la raison 4 ?

182. Trouver le 7ᵉ terme d'une progression par quotient décroissante dont le 1ᵉʳ terme est 20 et la raison $\frac{1}{2}$?

183. Insérer 5 moyens entre deux termes consécutifs de la progression par quotient ÷ 12 : 36 : 108 : 324 : 972 : .....

(*) $aq^{n-1} \times q = aq^n$. En multipliant aq^{n-1} par q, on ajoute un à l'exposant $n-1$ qui alors devient n.

184. Insérer trois moyens entre deux termes consécutifs de la progression par quotient. ------
 ÷ 8 : 32 : 128 : 512 : 2048 ------

185. Trouver la raison de la progression par quotient dont le premier terme est 3 et le 11ᵉ 1536 ?

186. Trouver la raison de la progression par quotient dont le premier terme est 5 et le 6ᵉ 1215 ?

187. Trouver la raison de la progression par quotient dont le 1ᵉʳ terme est 420 et le 5ᵉ 26,25 ?

188. Trouver la raison de la progression par quotient dont le 1ᵉʳ terme est 972 et le 6ᵉ terme 4 ?

189. Quelle est la somme des termes de la progression par quotient dont le 1ᵉʳ terme est 3 et le 10ᵉ terme 768 ?

190. Quelle est la somme des termes de la progression par quotient dont le 1ᵉʳ terme est 5 et le 7ᵉ 2430 ?

191. Quelle est la somme des termes de la progression par quotient dont le 1ᵉʳ terme est 420, le 6ᵉ 13,125 et la raison $\frac{1}{2}$?
(En renversant les termes de la progression par quotient décroissante, le 1ᵉʳ terme est 13,125, le 6ᵉ 420 et la raison 2.)

192. Quelle est la somme des termes de la progression par quotient dont le 1ᵉʳ terme est 972, le 5ᵉ 12, et la raison $\frac{1}{3}$?
(Même observation qu'au problème précédent.)

193. Soit à chercher la somme des termes de la progression par quotient dont le 1ᵉʳ terme est 10, la raison 5, et le nomb. de termes 8 ?

194. Soit à chercher la somme des termes de la progression par quotient dont le 1ᵉʳ terme est 12, la raison $\frac{1}{4}$ et le nombre de termes 9 ?

Logarithmes. (log.)

378. On appelle *logarithmes* les termes d'une progression quelconque par différence correspondant aux termes d'une progression quelconque par quotient : le 1ᵉʳ terme de la progression par différence étant toujours zéro ; le 1ᵉʳ terme de la progression par quotient étant toujours un.

Ainsi ÷ 1 : 4 : 16 : 64 : 256 : 1024 ...
 ÷ 0 . 3 . 6 . 9 . 12 . 15 ....

Les nombres ... 0 , 3 , 6 , 9 , 12 , 15 , sont
les log. des nombres .. 1 , 4 , 16 , 64 , 256 , 1024 .

379. Les logarithmes dont on se sert dans les calculs et

contenus dans des Tables (*) ont été construits d'après la progression par quotient dont le 1ᵉʳ terme est 1 et la raison 10, et la progression par différence dont le 1ᵉʳ terme est 0 et la raison 1.

Ainsi ÷ 1 : 10 : 100 : 1000 : 10000 :
− 0 . 1 . 2 . 3 . 4

380. Les nombres au dessus de 1 ont leurs log. plus grands que Zéro;
les nombres au-dessous de 1 ont leurs log. plus petits que Zéro.

381. On distingue deux sortes de log. les log. positifs et les log. négatifs.

382. On appelle log. positifs, les log. supérieurs à Zéro.

383. On appelle log. négatifs, les log. inférieurs à Zéro.

384. Dans un log. il faut distinguer la caractéristique et la partie décimale.

385. La caractéristique d'un log. est la partie entière de ce log. elle peut être ou positive ou négative.

1° Positive, elle renferme autant d'unités moins une que la partie entière du nombre contient de chiffres. log 35678.... caractéristique 4.

2° Négative, elle est représentée par autant d'unités que le 1ᵉʳ chiffre significatif de la fraction décimale donnée est placé de rangs après la virgule.

On indique une caractéristique négative au moyen du signe − placé au-dessus de la caractéristique.

Ainsi log 0,000657.... caractéristique $\bar{4}$.

386. La partie décimale d'un log. est toujours positive.

387. Les retenues ou unités provenant de la somme des parties décimales de plusieurs log. données sont toujours positives.

388. *Observation importante*. Les log. de tous les nombres formés de mêmes chiffres significatifs ayant entre eux mêmes valeurs relatives, ont, quel que soit leur ordre d'unités, même partie décimale : la caractéristique seule diffère.

Ainsi, log 5600   = 3, 74819
log   560   = 2, 74819
       56   = 1, 74819
        5,6 = 0, 74819
        0,56 = $\bar{1}$, 74819
        0,056 = $\bar{2}$, 74819
        0,0056 = $\bar{3}$, 74819
        0,00056 = $\bar{4}$, 74819
        0,000056 = $\bar{5}$, 74819

(*) Nous ferons usage des Tables de Lalande ou de celles de J. Houël.

Logarithme d'un nombre donné.

389. 1° *Le nombre donné est un nombre des Tables ou 10 fois, ou 100 fois, ou 1000 fois... plus grand ou plus petit que les nombres des Tables.* (*)

1er Exemple. Soit à chercher le log. de 3425.
D'après le n° 385.1°, la caractéristique du log. de 3425 est 3.
Cherchons dans les Tables, la partie décimale correspondant à 3425.
Nous avons :

log 3425 { caractéristique 3
partie décimale, pour 3425 . . . . 0,53466 } = 3,53466

Ainsi log 3425 . . . . = 3,53466.

2e Exemple. Soit à chercher le log. de 3425000.

log 3425000 { caractéristique 6
partie décimale, pour 3425 . . . . 0,53466 } = 6,53466

Ainsi log 3425000 . . . . = 6,53466.

3e Exemple. Soit à chercher le log. de 0,0003425

log 0,0003425 { caractéristique . . . . $\bar{4}$
partie décimale, pour 3425 . . . . 0,53466 } = $\bar{4}$,53466

log 0,0003425 . . . . = $\bar{4}$,53466.

390. 2° *Le nombre donné n'est pas contenu exactement dans les Tables, qu'il soit ou non divisé par 10, par 100, par 1000.*

1er Exemple. Soit à chercher le log. de 34754.

34754 est compris entre 34750 et 34760. Dans les Tables, la colonne D donne 13, différence
entre les log. 34750 et 34760.
log 34750 . . . . . = 4,54095   Je fais alors le raisonnement suivant :
pour . . 4, il faut ajouter 5   En ajoutant 10 à 34750, la partie décimale augmente de 13
log 34754 . . . . . = 4,54100   en ajoutant 4 à x

$$x = \frac{13 \times 4}{10} = 5,2$$

2e Exemple. Soit à chercher le log. de 34754000.
Même calcul que pour l'exemple précédent.

(*) Les Tables renferment les log. des nombres depuis 1 jusqu'à 10000.

$$\log 34750\,000 \qquad = 7,54095$$
$$\text{pour} \ldots 4\,000, \text{il faut ajouter} \ldots \ldots \qquad 5$$
$$\log 34754\,000 \qquad = 7,54100$$

2ᵉ Exemple. Soit à chercher le log 0,00034754.

Même calcul que pour le 1ᵉʳ exemple
$$\log 0,00034750 \qquad = \overline{4},54095$$
$$\text{pour} \ldots \ldots 4 \ldots \ldots \ldots \qquad 5$$
$$\log 0,00034754 \qquad = \overline{4},54100$$

Nombre correspondant à un log. donné.

391. 1° *La caractéristique est positive et la partie décimale du log. donné est contenue dans les Tables.*

Soit à chercher le nombre correspondant au log 6,54120.
La caractéristique 6 indique que la partie entière du nombre à chercher doit contenir 7 chiffres.
Je cherche ensuite dans les Tables le nombre qui correspond à la partie décimale 54120.

À la partie décimale 0,54120 correspond 3477
au log. 6,54120 " le nombre 3477000

392. 2° *La caractéristique est négative et la partie décimale du log. donné est contenue dans les Tables.*

Soit à chercher le nombre correspondant au log $\overline{6}$,54120.
La caractéristique $\overline{6}$ indique que le 1ᵉʳ chiffre significatif doit occuper le 6ᵉ rang après la virgule.
Je cherche dans les Tables le nombre correspondant à la partie décimale 54120.

À la partie décimale 0,54120 correspond 3477
au log. $\overline{6}$,54120 " le nombre 0,000003477

393. 3° *La caractéristique est positive et la partie décimale du log. donné n'est pas contenue dans les Tables.*

Soit à chercher le nombre correspondant au log 5,738175.
La caractéristique 5 indique que la partie entière du nombre cherché doit contenir 6 chiffres.
Cherchons le nombre correspondant à la partie décimale 0,738175.

La partie décimale 0,738175 n'est pas dans les Tables. | La colonne D donne : différence 8.
À la partie décimale 0,738175 correspond . . 5472 | Avec diff. 8, le nomb. augmente de 1
à la différence . . . 2,5 . . . . 0,3125 | 2,5 x
à la partie décimale 0,738175 " 5472,3125 | $x = \dfrac{1 \times 2,5}{8} = 0,3125$
au log. 5,738175 " 547231,25

394. 4° La caractéristique est négative et la partie décimale du log. donné n'est pas contenue dans les Tables.
Soit à chercher le nombre correspondant au log $\overline{5},738175$.
Même calcul que pour l'exemple précédent.
À la partie décimale 0,738175 correspond 5472,3
au log. $\overline{5},738175$ " 0,00054723

Propriétés des Logarithmes.

395. 1° Le log. d'un produit de plusieurs facteurs est égal à la somme des log. de ses facteurs.
Ainsi $\log(a \times b \times c) = \log a + \log b + \log c$.

396. 2° Le log. d'un quotient est égal au log. du dividende moins le log. du diviseur.
Ainsi $\log \frac{a}{b} = \log a - \log b$.
En effet, représentant par q le quotient de $\frac{a}{b}$,
nous avons $q = \frac{a}{b}$
d'où $q \times b = a$.
D'après le N° 395.
$\log q + \log b = \log a$
d'où $\log q = \log a - \log b$. C.Q.F.E.

397. 3° Le log. d'une puissance d'un nombre est égal au log. du nombre, multiplié par l'exposant.
Ainsi $\log a^4 = 4 \log a$.
En effet, $a^4 = a \times a \times a \times a$
d'où (395) $\log a^4 = \log a + \log a + \log a + \log a = 4 \log a$. C.Q.F.E.

398. 4° Le log. d'une racine d'un nombre est égal au log. du nombre, divisé par l'indice de la racine.
Ainsi $\log \sqrt[3]{a} = \frac{\log a}{3}$.
En effet, appelons r la racine cubique de a,
nous avons $r = \sqrt[3]{a}$
d'où $r^3 = a$
et (397) $3 \log r = \log a$
d'où $\log r = \frac{\log a}{3}$.

399. En résumant les quatre numéros qui précèdent, par le calcul des logarithmes, une multiplication s'effectue par une addition;
une division " " une soustraction;
une puissance " " une multiplication;
une racine " " une division.

83

Multiplication.

Nombres entiers ou Caractéristiques positives.

400. Soit à trouver le produit des nombres 245 ; 3472 ; 6148.
log (245 × 3472 × 6148) = log 245 + log 3472 + log 6148.
$$\log 245 = 2,38917$$
$$\log 3472 = 3,54058$$
$$\log 6148 = 3,78873$$
Somme des log . . . . . 9,71848, dont le nombre correspondant est 5229750000.

(Voir les N^{os} de 389 à 394, selon le cas, pour trouver les logarithmes de plusieurs nombres donnés, et le nombre correspondant à un log quelconque.)

Fractions décimales ou Caractéristiques négatives.

401. Soit à trouver le produit des fractions décimales 0,245 ; 0,003472 ; 0,06148.
log (0,245 × 0,003472 × 0,06148) = log 0,245 + log 0,003472 + log 0,06148.
$$\log 0,245 = \overline{1},38917$$
$$\log 0,003472 = \overline{3},54058$$
$$\log 0,06148 = \overline{2},78873$$
Somme des log . . . . . $\overline{5}$,71848 dont le nomb. correspondant est 0,0000522975.

Pour effectuer cette somme, on ajoute les parties décimales ; les retenues ou résidus positifs (387) provenant de la colonne des dixièmes s'ajoutent à la somme des caractéristiques négatives. (*)

Dans notre exemple, retenue provenant des dixièmes . . . . + 1
Somme des caractéristiques négatives . . . $\overline{6}$
On a donc . . . . . . $\overline{6}$ + 1 . . . . = $\overline{5}$

Nombres entiers. — Nombres décimaux. — Fractions décimales.

402. Soit à trouver le produit des nombres 3725 ; 0,0747 ; 385,325 ; 0,009235.
log (3725 × 0,0747 × 385,325 × 0,009235) = log 3725 + log 0,0747 + log 385,325 + log 0,009235.
$$\log 3725 = 3,57113$$
$$\log 0,0747 = \overline{2},87158$$
$$\log 385,325 = 2,58582$$
$$\log 0,009235 = \overline{3},96544$$
Somme des log. 2,98392 dont le nomb. correspondant est 965,63.

Explication. Pour avoir la somme de ces log., on ajoute la retenue provenant

---

(*) Ajouter deux quantités de signe contraire revient à les retrancher l'une de l'autre ; le reste a le signe du plus grand nombre. Ainsi −7 + 4 = −3 ; −5 + 11 = 6.

des dixièmes, aux caractéristiques positives; on fait ensuite la somme des caractéristiques négatives. On ajoute ces deux sommes de signe contraire (*), ce qui revient à les retrancher l'une de l'autre : le reste a le même signe que la plus grande somme.

Dans notre exemple, retenues des dixièmes ... 2
Somme des caract. positives ... 5 $\}$ ou $+7$
Somme des caract. négatives ... $\bar{5}$

On a donc ... $\bar{5} + 7$ ... 2

Division

Nombres entiers ou Caractéristiques positives.

403. Soit à trouver le quotient de 7253400 divisé par 8320.

$\log \frac{7253400}{8320} = \log 7253400 - \log 8320$

$\log 7253400 = 6,86054$
$\log 8320 = 3,92012$

Différence des log ... $= 2,94042$ ... Nomb. correspondant $871,8$

Fractions décimales ou Caractéristiques négatives.

404. Soit à trouver le quotient de 0,00072534 divisé par 0,00832.

$\log \frac{0,000072534}{0,00832} = \log 0,000072534 - \log 0,00832$

$\log 0,000072534 = \bar{5},86054$
$\log 0,00832 = \bar{3},92012$

Différence des log ... $= \bar{3},94042$ .. Nomb. correspondant $0,008712$

Explication. — Pour opérer une soustraction de caractéristiques négatives,

1° S'il y a une retenue provenant de la soustraction des dixièmes, on l'ajoute (*) à la caractéristique du nombre inférieur;

2° On change, par la pensée, le signe du résultat qui alors s'ajoute (*) à la caractéristique du nombre supérieur.

Dans notre exemple :

Colonne des dixièmes ... 9 de 18 reste 9 ; je retiens 1 positif.
1 de retenue ajouté à $\bar{3}$ ou $\bar{3}+1$ donne $\bar{2}$.
Retrancher $\bar{2}$ de $\bar{5}$ revient à ajouter $+2$ à $\bar{5}$, ce qui donne $\bar{3}$.

Nombres entiers. Nombres décimaux. Fractions décimales.

405. 1° Soit à trouver le quotient de 72,534 divisé par 0,00832.

$\log \frac{72,534}{0,00832} = \log 72,534 - \log 0,00832$

$\log 72,534 = 1,86054$
$\log 0,00832 = \bar{3},92012$

Différence des log. $= 3,94042$ .. Nomb. correspond. 8712

(*) Voir le renvoi de la page précédente.

colonne des dixièmes ..... 9 de 18 .... reste 9 ; je retiens 1 positif.
1 de retenue ajouté à $\bar{3}$ ou $\bar{3}+1$ donne $\bar{2}$.
Retrancher $\bar{2}$ de 1, revient à ajouter $+2$ à 1, ce qui donne 3.

406. 2° Soit à chercher le quotient de 0,000072534 par 832.
$\log \frac{0,000072534}{832}$ = $\log$ 0,000072534 − $\log$ 832.
$\log$ 0,000072534 = $\bar{5}$,86054
$\log$ 832 = 2,92012
Différence des log ... = $\bar{8}$,94042 .. Nomb. correspond^t 0,00000008718.
Colonne des dixièmes ..... 9 de 18 .... reste 9 ; je retiens 1 positif.
1 de retenue ajouté à 2 ou 2+1 donne 3.
Retrancher +3 de $\bar{5}$ revient à ajouter $\bar{3}$ à $\bar{5}$, ce qui donne $\bar{8}$.

Puissances

Nombres entiers

407. Soit à trouver la puissance de 375^6.
$\log 375^6$ = 6 $\log$ 375.
$\log$ 375 = 2,82930
6 $\log$ 375 = 6 × 2,82930
= 16,97580 dont le nombre correspondant est 94580'000'000'000'000.

Fractions décimales.

408. Soit à trouver la puissance de $0,0375^6$.
$\log 0,0375^6$ = 6 $\log$ 0,0375.
$\log$ 0,0375 = $\bar{2}$,82930
6 $\log$ 0,0375 = 6 × $\bar{2}$,82930 ou $(6 × \bar{2})$ + $(6 × 0,82930)$
= ..... $\overline{12}$ + 4,97580
= $\bar{8}$,97580, dont le nombre correspondant est 0,0000009458.

Nota. Pour multiplier par un certain nombre un log. dont la caractéristique est négative, on fait le calcul en deux fois ;
1° on multiplie par ce nombre la partie décimale ; le produit est positif ;
2° on multiplie par ce même nombre la caract. négative ; le produit est négatif.
On ajoute (renvoi, page 83) les unités de ces produits ; le résultat a le signe du plus grand nombre.

Racines.

1° La caractéristique du log. du nombre donné

est divisible par l'indice de la racine.

Nombres entiers.

409. Soit à chercher la racine cubique de 3673952.

$$\log \sqrt[3]{3673952} = \frac{\log 3673952}{3}$$

$$\log 3673952 = 6,56513$$

$$\frac{\log 3673952}{3} = \frac{6,56513}{3} = 2,18837 \text{ dont le nombre}$$

correspondant est 154,3.

Fractions décimales.

410. Soit à chercher la racine cubique de 0,000003673952.

$$\log \sqrt[3]{0,000003673952} = \frac{\log 0,000003673952}{3}$$

$$\log 0,000003673952 = \bar{6},56513$$

$$\frac{\log 0,000003673952}{3} = \frac{\bar{6},56513}{3} = \bar{2},18837 \text{ dont le nombre}$$

correspondant est 0,01543.

La règle des signes appliquée, (*) cette division n'offre aucune difficulté. Ainsi $\bar{6}$ divisé par 3 donne $\bar{2}$.

2° *La caractéristique du log. du nombre donné n'est pas divisible par l'indice de la racine.*

Nombres entiers.

411. Soit à chercher la racine quatrième de 3673952.

$$\log \sqrt[4]{3673952} = \frac{\log 3673952}{4}$$

$$\log 3673952 = 6,56513$$

$$\frac{\log 3673952}{4} = \frac{6,56513}{4} = 1,64128 \text{ dont le nombre}$$

correspondant est 43,78.

Fractions décimales.

412. Soit à chercher la racine quatrième de 0,000003245.

$$\log \sqrt[4]{0,000003245} = \frac{\log 0,000003245}{4}$$

(*) La règle des signes de la division est la même que celle de la multiplication : au lieu de multiplier par, on met divisé par.

Ainsi + divisé par + donne +
      − divisé par − donne +
      + divisé par − donne −
      − divisé par + donne −

$$\log 0,00000\,3245 = \overline{6},51121$$
$$\frac{\log 0,00000\,3245}{4} = \frac{\overline{6},51121}{4}$$

Dans ces calculs, il faut que le quotient de la caractéristique par l'indice soit toujours exact.

Pour rendre cette division exacte, on ajoute à la caractéristique assez d'unités pour avoir un multiple du diviseur, mais le plus petit possible. On ajoute le même nombre d'unités à la partie décimale.

Dans l'exemple proposé, 2 est le nombre d'unités qu'il faut ajouter à la caractéristique et à la partie décimale. On a

$$\frac{\overline{6},51121}{4} = \frac{\overline{8}}{4} + \frac{2,51121}{4}$$
$$= \overline{2} + 0,62780$$
$$= \overline{2},62780 \text{ dont le nombre}$$

correspondant est 0,042445.

Exercices sur les Logarithmes

195. Trouver les log. des nombres suivants. N° 389.

1°	65	6°	0,0000 6125
2°	348	7°	6130000
3°	6424	8°	0,000000 726
4°	456000	9°	4,31
5°	0,0041	10°	65,91

196. Trouver les log. des nombres suivants. N° 390.

1°	61475	6°	0,0000 713672
2°	946782	7°	6219210000
3°	3,14159	8°	0,46921
4°	18783000	9°	0,00000 91274
5°	1,00074256	10°	14,6765

197. Trouver les nomb. correspondants aux log. suivants. N° 391 à 392.

1°	$\overline{6},68583$	6°	4,62562
2°	2,51195	7°	9,12548
3°	0,74448	8°	$\overline{5},09934$
4°	$\overline{3},97157$	9°	7,60455
5°	$\overline{6},56879$	10°	9,48316

198. Trouver les nomb. correspondants aux log. suivants. N° 393 à 394.

1°	4,25621	6°	10,71212
2°	1,32729	7°	9,81616
3°	0,61345	8°	7,00916
4°	$\overline{3},99981$	9°	$\overline{3},91267$
5°	$\overline{6},41267$	10°	$\overline{6},92345$

199. Trouver, par les log., les produits suivants : N° 400
  1° $1275 \times 670 \times 3428$ 3° $3425 \times 6178250 \times 926173$
  2° $4728 \times 6729 \times 9999$ 4° $617452 \times 4867892 \times 4267829$

200. Trouver, par les log., les produits suivants : N° 401
  1° $0,648 \times 0,007125 \times 0,0003186$ 3° $0,000674251 \times 0,00024678 \times 0,00712$
  2° $0,0075 \times 0,09182 \times 0,006728 \times 0,0931$ 4° $0,0031675 \times 0,73195 \times 0,000061784$

201. Trouver, par les log., le produit des fractions décimales et nombres suivants : N° 402
  1° $0,007356 \times 31675 \times 0,0007167$ 3° $1467,81 \times 0,067816 \times 4956000$
  2° $367812 \times 40009156 \times 3,16 \times 0,095$ 4° $2167,317 \times 617,421 \times 0,0007315$

202. Trouver, par les log., le quotient des nombres suivants : N° 403
  1° $6721\,6725 : 81725$ 3° $417890000 : 6178$
  2° $14678295 : 61782$ 4° $549281700 : 91456$

203. Trouver, par les log., les quotients suivants : N° 404
  1° $0,000617825 : 0,04617$ 3° $0,416789 : 0,000006197$
  2° $0,00000619586 : 0,0005819$ 4° $0,06457 : 0,0000001675$

204. Trouver, par les log., les quotients suivants : N° 405
  1° $85,61758 : 0,00617$ 3° $91678 : 0,000081675$
  2° $438,21216 : 0,00006492$ 4° $41678,24 : 0,0000419875$

205. Trouver, par les log., les quotients suivants : N° 406
  1° $0,0006175 : 8194$ 3° $0,0000768214 : 14,617$
  2° $0,000046189 : 6752$ 4° $0,00081947 : 9827$

206. Trouver, par les log., les puissances suivantes : N° 407
  1° 718246^4 3° 6175^5
  2° 8671852^6 4° 416700^3

207. Trouver, par les log., les puissances suivantes : N° 408
  1° $0,004125^4$ 3° $0,041267^{10}$
  2° $0,0006728^9$ 4° $0,0005128^6$

208. Trouver, par les log., les racines suivantes : N° 409
  1° $\sqrt{316789219}$ 3° $\sqrt[5]{36148918167}$
  2° $\sqrt{1673457918}$ 4° $\sqrt{31647812}$

209. Trouver, par les log., les racines suivantes : N° 410
  1° $\sqrt{0,00046195}$ 3° $\sqrt{0,0001467801}$
  2° $\sqrt{0,000006174891}$ 4° $\sqrt[5]{0,00009167812}$

210. Trouver, par les log., les racines suivantes : N° 411
  1° $\sqrt[3]{416718925}$ 3° $\sqrt{4161189789}$
  2° $\sqrt[5]{12345678}$ 4° $\sqrt{123456789012372}$

211. Trouver, par les log., les racines suivantes : N° 412
  1° $\sqrt[3]{0,00004678913}$ 3° $\sqrt{0,0000561789}$
  2° $\sqrt[6]{0,04267829}$ 4° $\sqrt{1,0000167824\text{g}}$

Intérêts composés
(Formules)

413. Désignant par a, le capital placé ;
par A, le capital et intérêts composés compris ;
par r, l'intérêt de 1 fr. en un an ;
par t, le temps exprimé en années ;
fait A = a(1+r)... franc ;

$$A = a(1+r)^t \qquad (1)$$

Application

414. Que devient un capital de 4000 fr. placé à 5%
et à intérêts composés pendant 3 ans ?
La formule $A = a(1+r)^t$
$A = 4000 \times (1,05)^3$
$A = 4000 \times 1,157625$
$A = 4630,50$

415. Trouvons la valeur de a.
De la formule (1) $A = a(1+r)^t$
on tire
$$a = \frac{A}{(1+r)^t} \qquad (2)$$

Application

416. Trouver le capital qui placé à 5% et à
intérêts composés pendant 3 ans est devenu 4630,50.
La formule (2) $a = \frac{A}{(1+r)^t}$
$a = \frac{4630,50}{(1,05)^3}$
$a = \frac{4630,50}{1,157625}$
$a = 4000$

417. Trouvons la valeur de r.
De la formule (1) $A = a(1+r)^t$ on tire
$\frac{A}{a} = (1+r)^t$
$\sqrt[t]{\frac{A}{a}} = 1+r$
$$\sqrt[t]{\frac{A}{a}} - 1 = r \qquad (3)$$

Application

418. A quel taux faut-il placer 4000 fr. pour devenir
en 3 ans, 4630,50, à intérêts composés ?

La formule $\sqrt[t]{\dfrac{A}{a}} - 1 = i$

donne $\sqrt[3]{\dfrac{4630,50}{4000}} - 1 = i$

$\sqrt[3]{1,15756\,25} - 1 = i$

$1,05 - 1 = i$

$0,05 = i$ ..... et 5% = taux.

419. Trouvons la valeur de t.

De la formule (1) ... $A = a(1+i)^t$

on tire .... $\dfrac{A}{a} = (1+i)^t$

Prenant le log des deux membres de l'égalité, on a :

$\log A - \log a = t \log(1+i)$

$\dfrac{\log A - \log a}{\log(1+i)} = t$ .... (4)

Application.

420. Pendant combien d'années faut-il placer 4000^f à intérêts composés et à 5% pour qu'ils deviennent $4630^f,50$?

La formule (4) $\dfrac{\log A - \log a}{\log(1+i)} = t$

donne .... $\dfrac{\log 4630,50 - \log 4000}{\log 1,05} = t$

ou .... $\dfrac{3,66563 - 3,60206}{0,02119} = \dfrac{0,06357}{0,02119} = t$

$3 = t$ ...... 3 ans.

Annuités.

421. On appelle annuité, une somme versée chaque année et pendant un nombre d'années limité, pour éteindre une dette contractée.

422. Dans les annuités 1° le débiteur doit la somme empruntée plus les intérêts composés de cette somme pendant le temps donné.

2° les annuités versées, plus les intérêts composés de ces sommes, doivent former une somme égale à la somme totale due par le débiteur.

Problème.

423. Un marchand doit 6000^f. Il désire acquitter cette dette au moyen de quatre annuités ou quatre payements égaux, d'année en année. Les intérêts composés étant calculés à 5%, donner la valeur de chaque annuité ?

Les 6000 dus, à intérêts composés, deviennent . . . . $6000 \times (1,05)^4$.
La dernière ou la 4ᵉ annuité ne produit aucun intérêt au créancier; elle est égale à . . $1 \times$ annuité.
La 3ᵉ annuité produit, au créancier, intérêt pendant un an ; . . . . . . $1,05 \times$ annuité.
La 2ᵉ   "   "   "   2 ans ; . . . . . . $(1,05)^2 \times$ annuité.
La 1ʳᵉ   "   "   "   3 ans ; . . . . . . $(1,05)^3 \times$ annuité.

Les annuités, réunies à leurs int. composés, donnent $(1 + 1,05 + 1,05^2 + 1,05^3) \times$ annuité (*)
On peut donc écrire

$$\underline{\text{Somme due par le débiteur}} \qquad \underline{\text{Sommes versées}}$$
$$6000 \times 1,05^4 = \text{annuité} \times (1 + 1,05 + 1,05^2 + 1,05^3)$$

Ces nombres $1, 1,05, 1,05^2, 1,05^3$ forment une progression par quotient dont la raison est $1,05$. Il suffit donc de chercher la somme des termes de cette progression. En effectuant les calculs, on a :

$$7293,36 = \text{annuité} \times 4,31$$
d'où
$$\frac{7293,36}{4,31} = \text{annuité}$$
$$1692,19 = \text{annuité}$$

Problèmes
sur les Intérêts composés et sur les Annuités.
(Dans les problèmes sur les int. composés, on peut faire usage des log.)

Nota. Les problèmes sur les int. composés, contenus dans notre Arithmétique, peuvent être résolus par les formules données.

212. Que devient une somme de 15000^f placée à 6% et à intérêts composés pendant 4 ans ?

213. Quels sont les intérêts composés de 25600^f placés à 5% pendant 6 ans ?

214. Trouver le capital qui, placé à 4% et à intérêts composés, est devenu 30000^f au bout de 8 ans ?

215. Quelle somme faut-il placer à $4\frac{1}{2}\%$ et à intérêts composés pendant 5 ans pour avoir 1500^f ?

216. Un capital, placé à intérêts composés pendant 8 ans, est devenu 6000^f : trouver ce capital, le taux étant $4\frac{3}{4}\%$?

217. A quel taux faut-il placer 10000^f pendant 12 ans pour devenir $14257^f, 609$?

218. A quel taux faut-il placer 22000^f pendant 7 ans pour avoir $8950,50$ d'int. composés ?

219. Une somme de 30000^f, placée à intérêts composés pendant 10 ans

---

(*) Faire la somme de plusieurs produits qui ont un facteur commun, revient à multiplier le facteur commun par la somme des facteurs non communs.

a produit $18866^{f},838$ d'intérêts composés ; trouver le taux ?

220. Pendant quel temps faut-il placer 1000^{f} pour avoir $1695^{f},88$ capital et intérêts composés compris, le taux étant $4^{f},50$?

221. Placé à 5%, un capital de 10000 est devenu $15513^{f},28$: trouver la durée du placement ?

222. Placé à 4% et à intérêts composés, un capital de 2500^{f} est devenu $4834^{f},96$: trouver le temps ?

223. Au bout de combien d'années, et à intérêts composés, un capital quelconque, 1000^{f}, par exemple, est-il doublé 1° à 5% ; 2° à 4% ; 3° à 3% ?

224. Un cultivateur achète un terrain évalué 8000^{f}. Il est convenu qu'il s'acquittera de cette somme en 5 annuités, d'année en année ; les intérêts composés étant calculés à 5%, trouver la valeur de l'annuité ?

225. Une commune emprunte 12000^{f} qu'elle désire rembourser en 9 ans, au moyen de 9 annuités ; le taux des intérêts composés étant $4\frac{1}{2}$ % ; indiquer la valeur de chaque annuité ?

226. Une personne économe place, au 1er janvier de chaque année et pendant 10 ans, une somme de 200^{f} à int. composés : quelle somme retirera-t-elle au bout de ce temps, le taux étant 5 ?

$$10^e \text{ année} \ldots\ldots 200 \times 1,05$$
$$9^e \text{ année} \ldots\ldots 200 \times 1,05^2$$
$$8^e \text{ année} \ldots\ldots 200 \times 1,05^3$$
$$1^{re} \text{ année} \ldots\ldots 200 \times 1,05^{10}$$

Faisant la somme et mettant 200 facteur commun, on a :
Somme à retirer $= 200 \times (1,05 + 1,05^2 + 1,05^3 + 1,05^4 + \ldots + 1,05^{10})$
(L'élève achèvera ce calcul.)

---

424. Carré de $a+b$

$$\begin{array}{r} a+b \\ a+b \\ \hline a^2 + ab \\ + ab + b^2 \\ \hline a^2 + 2ab + b^2 \end{array}$$

425. Carré de $a-b$.

$$\begin{array}{r} a-b \\ a-b \\ \hline a^2 - ab \\ - ab + b^2 \\ \hline a^2 - 2ab + b^2 \end{array}$$

426. Produit de $a+b$ par $a-b$.

$$\begin{array}{r} a+b \\ a-b \\ \hline a^2 + ab \\ - ab - b^2 \\ \hline a^2 - b^2 \end{array}$$

Table des matières

Avertissement .... page	2

Notions sur le dessin linéaire 3

Lignes. — Différents noms de la ligne droite	3
Noms de la ligne courbe. — Lignes concernant la circonférence	4
Division de la circonférence. — Angles	5
Perpendiculaires	5

Notions sur les équations 8

Définitions	8
Principes généraux à toute équation. — Détermination de la valeur d'une inconnue	9
Équation renfermant une fraction et, par conséquent, un dénominateur ...	10
Équation renfermant deux ou plusieurs fractions et, par conséquent, deux ou plusieurs dénominateurs	11
Équation du 1er degré par rapport à une certaine puissance de l'inconnue	11
Parenthèse. — Suppression d'une parenthèse précédée du signe + ou du signe —. — Règle des signes	12
Exercices et Problèmes sur les équations	13

Surfaces 14

Carré. — Applications	15
Rectangle. — Applications	16
Parallélogramme. — Triangle	17
Applications (Triangle). — Triangles par rapport à la longueur de leurs côtés	18
Triangle rectangle. — Applications	19
Surface d'un triangle connaissant les trois côtés	
Trapèze. — Applications	21
Losange. — Applications	23
Circonférence	24
Applications (Circonférence). — Cercle	25
Applications (Cercle). — Couronne	26
Application (Couronne). — Figures équivalentes	27
Polygones	28

Polygones réguliers — Applications .... page 29
Polygones irréguliers — Applications 30
Surface comprise entre une ligne courbe et une ligne droite
qui se coupent — Application 30
Surface d'un triangle dont un côté est une ligne courbe —
Application 31
Surface d'un trapèze curviligne — Application 32
Surface formée par deux lignes courbes et deux lignes droites ... 33
Surface d'un bois, d'un marais, d'une pièce de terre quelconque
dans laquelle on ne peut pénétrer 33
Longueur d'un arc exprimé en degrés — Application 33
Longueur d'un arc exprimé en degrés, minutes et secondes —
Application 34
Mesure d'un arc dont la longueur est donnée — Application .. 34
Secteur — Application 35
Segment 35
Problèmes sur les surfaces 36

Volumes.

Notions préliminaires 41
Cube — Volume d'un cube — Surface latérale 42
Prisme — Volume d'un prisme — Surface latérale d'un prisme droit 43-44
Cylindre — Volume du cylindre — Applications — Surface latérale 44-45
Pyramide — Volume d'une pyramide — Surface latérale d'une pyramide
régulière 45-46
Pyramide tronquée — Volume — Surface latérale du tronc de pyramide
régulière 47
Cône droit — Volume — Surface latérale 47-48
Cône tronqué — Volume — Surface latérale 48-49
Sphère — Volume — Surface latérale 49-50
Volume d'un corps ayant pour base une couronne 50
Volume d'un tonneau 50
Cubage d'une pièce de bois, d'un arbre 51
Volume d'un corps irrégulier 51
Problèmes sur les volumes 52

Arpentage.   55

Chaîne d'arpenteur — Jalons — Flèche — Équerre 55
Jalonner une ligne — Mesurer une ligne jalonnée — Élever une
perpendiculaire au moyen de l'équerre d'arpenteur 56
Abaisser une perpendiculaire d'un point donné 57

Faire avec l'équerre d'arpenteur un triangle rectangle isocèle	95
Mesurer un champ	page 57
Terrain en pente. — Projection — Plans — Échelle de proportion	58
Construction d'une échelle de proportion — Plan d'un terrain	59
Division des rectangles, trapèzes, triangles	59. 62
Hauteurs et Distances inaccessibles	63. 65
Rapport	65
Proportion	66
Propriétés des proportions	67.. 70
Progressions	71
Progressions par différence	71-73
Problèmes	74-78
Progressions par quotient	75
Exercices et problèmes	77
Logarithmes	78
Caractéristique — Partie décimale	79
Logarithme d'un nombre donné et contenu dans les Tables	80
Logarithme d'un nombre qui n'est pas contenu exactement dans les Tables	80..81
Nombre correspondant à un logarithme donné	81
Propriétés des logarithmes	82
Multiplication	83
Division	84
Puissances	85
Racines	85.86
Exercices sur les logarithmes	87
Intérêts composés (formules et applications)	89..90
Annuités (applications)	91
Problèmes sur les intérêts composés et sur les annuités	91
Carré de $a+b$ et de $a-b$	92
Produit de $(a+b)$ par $(a-b)$	92

www.ingramcontent.com/pod-product-compliance
Lightning Source LLC
Chambersburg PA
CBHW070258100426
42743CB00011B/2261